基于农户需求表达视角的公益性农技服务支持政策研究

李容容　著

中国农业出版社

北　京

前　　言

我国农技推广体系经过长时间的改革虽然取得显著成就，但农技服务供需不匹配问题依然存在，这一问题在公益性农技服务中更为突出。农技服务供需不匹配问题不仅会造成资源浪费，还会影响农业生产水平的提高。因此，改善农技服务供需匹配状况，对于提高我国农业生产水平，实现农业可持续发展具有重要意义。在影响公益性农技服务供需状况的诸多因素中，农户需求表达尤为关键，其不仅是了解农户需求信息的重要环节，也是农户获得公益性农机服务的必要前提。鉴于此，从农户需求表达视角出发，探讨如何解决公益性农技服务供需矛盾，提升公益性农技服务效果，是本文关注的核心问题。

不同产业的公益性农技服务各具特点。本研究选取水稻产业作为研究对象，其原因是水稻作为我国主要粮食作物，在粮食安全中占有极其重要的地位，且分布广泛，是区域公益性农技推广的重点领域。本研究在辨析农户需求与农户需求表达关系的基础上，厘清农户公益性农技服务表达重点和结构，分析需求表达对公益性农技服务化的影响，并探讨影响农户需求表达的关键因子，以期为改善公益性农技服务可得性提供理论和实证支撑。本文的主要内容和结论有：

（1）从表达方式、表达渠道以及表达对象方面梳理了需求表达的特征，并对农户需求与需求表达的关系进行辨析。结果表明：农户对病虫测报、病虫防治的需求最为迫切，对新品种技术、土肥检测、农业技术政策宣传、农业技术培训以及农田水利建设服务的需求较为迫切，对农药残留、重金属污染、农机质检等检测类服务的需求较低。农户需求表达以向非营利性服务组织表达为主，表达方式和表达渠道则以个体表达和非制度化表达居多。农户需求是农户需求表达的基础，农户需求表达是识别农户有效需求、促使农户需求显性化的重要手段，对公益性农技服务而言尤为如此。

（2）对样本农户公益性农技服务需求表达的重点和结构进行分析，在病虫测报服务和病虫防治服务方面，有需求表达行为的农户占比最高。接近50%的农户表达了对新品种技术示范、安全用药、农业技术培训、防汛抗旱以及农田水利建设服务的需求，而对农药残留检测、重金属检测、农机质检的需求表达甚少。对于多数公益性农技服务而言，种植大户群体中有需求表达行为的比例要远远超过普通小农户群体的农户比例。湖北省样本农户需求表达比例要远远超过湖南省样本农户的比例。从表达结构来看，需求强度最高的是病虫测报和病虫防治服务，新品种技术示范、安全用药、农业技术培训、防汛抗旱以及农田水利建设服务的需求强度较高。农药残留检测、重金属检测服务以及其他服务类型的需求强度最低。对不同种植规模和不同区域农户而言，其需求表达结构各异。

（3）通过梳理公益性农技服务可得性现状的基础上，阐述了农户需求表达对公益性农技服务可得性的影响机理，并实证检验了影响关系和影响路径。结果显示：从整体上看，病虫测报、病虫防治、农业技术政策宣传以及农业技术培训服务的可得性最好。高产高效技术示范、安全用药检测、防汛抗旱、农田水利建设以及水资源管理服务可得性较好。土肥检测、农药残留检测、重金属污染检测、种子检测以及农机检测服务，可得性状况较差。通过实证检验，需求表达决策、表达方式、表达渠道以及表达对象对公益性农技服务可得性具有显著的影响，具体影响路径为：农户是否表达病虫防治服务需求显著影响服务的可得性，还通过选择不同的表达方式来间接影响服务可得性。农户是否表达新技术推广示范、投入品检测以及技术宣传培训服务需求显著影响服务的可得性，并通过选择不同的表达渠道来间接影响服务的可得性。农户是否表达投入品检测服务和病虫防治服务的需求显著影响服务可得性，还通过选择不同的表达对象来间接影响服务可得性。

（4）运用二代整合型技术接受与使用模型（UTAUT2），分析了农户公益性农技服务需求表达的影响因素，发现绩效期望、努力期望、社会影响、便利条件、享乐动机、沟通成本以及表达习惯对新品种示范、病虫防治、土肥检测、安全用药、农业技术培训、防汛抗旱等公益性服务需求表达具有重要的影响。

通过以上分析可见，本研究弥补了公益性农技服务领域中农户需求未能考查农户需求对供给主体显示度的缺陷，用农户需求表达来反映真实的农户需求，阐释了农户需求表达对公益性农技服务可得性的影响机理，并从农户需求表达的视角提出了改善公益性农技服务供需不匹配状况的支持政策。

目 录

1 导论

1.1 研究背景与问题的提出

在科技创新驱动发展战略的引领下，我国农村社会经济取得了长足发展。农业物质技术装备水平不断加强，生态保护与经济协调发展水平不断提高，农业生产能力不断增强，农民持续增收能力也得到逐步提升。2012 年以来，粮食连年丰收，产能稳定在 0.6 万亿千克以上。2013—2016 年，农民人均可支配收入都保持较高的增长水平，平均每年增加近千元。尽管如此，我国现代农业发展与发达国家相比还有较大差距，面临一系列难题，例如，耕地资源严重不足，淡水资源总体短缺，时空分布不均，农业基础设施和物质装备水平低，农业生产规模狭小，劳动生产率低等。

解决农业发展问题的根本出路在于科技创新，而农业技术推广是传播科技创新成果和促进创新成果转化为实际生产力的重要手段，在确保农业技术从实验室到达田间地头的过程中起着关键作用。历年中央 1 号文件在强调农业科技重要性的同时，也强调了农技推广以及农技推广服务在农业科技创新中的重要作用。2014 年重点强调了要加大农业先进适用技术推广应用和农民技术培训力度。2015—2017 年中央 1 号文件则进一步强调要加强对各类农技服务主体的扶持力度，并对公益性农技推广机构的服务方式进行发展创新，引导高等院校等主体加入推广体系中来，积极参与农技推广。

在国家政策引导和农技推广人员的努力下，我国农业技术推广取得了显著的成效。我国农技推广体系不断完善，体制机制成效凸显。到"十二五"期末，我国已建立从中央到地方层级较为完善的农技推广体系。十八大以来，为进一步改善乡镇农技推广机构的办公条件和农技推广基础设施等条件，中央投入 58.5 亿元建设资金；2012 年以来，为更好地支持健全农技推广体系的发展，保证推广工作的顺利进行，中央财政每年投入 26 亿元用于 2 500 多个农业县推广体系的建设。在现有条件下，基本建立起了较为完备的农业产业技术推广体系，体系中首席科学家 50 名，综合试验站站长 1 252 名，还包括岗位科学家 1 370 名，同时还覆盖 50 多类农产品，建立了全产业链的农业技术支持体系，并使得农业科技贡献率由 2010 年的 52％提升到 2016 年的 56.65％，对促进农业科研成果转化和促进农业现代化建设发挥了重要的作用。

虽然我国农技推广成效显著，但是农业技术供需矛盾一直存在，并未得到有效改善（黄季焜等，2000；扈映、黄祖辉，2006；赵玉姝等，2015），具体表现为农业技术供给内容、供给形式等不能满足农户需求，政府推广的技术与农户实际需求之间存在很大差距，难以满足农户的需求（孔祥智、楼栋，2012），这一问题在公益性农技服务中显得更为突出（郑明高、芦千文，2011；旷宗仁等，2011；黄玉银、王凯，2015）。在目前的公益性农技服务体系中，服务组织呈现多元化发展的趋势，但是服务组织依然以基层农业技术推广组织供给为主。当公益性农技服务供给难以满足农户需求时，一方面会影响公益性农技服务供给效果，造成公共资源的浪费；另一方面会影响农户生产决策，阻碍农业生产效率的提高，使农户丧失对基层农业技术推广机构的信任。长此以往，公益性农技服务工作将会举步维艰，最终影响农业现代化的顺利实现。因此，解决公益性农技服务供需矛盾显得尤为迫切。

那么，是什么原因导致我国公益性农技服务供需矛盾一直较为突出，难以得到有效改善呢？现有学者从供给和需求两个方面都做了一些原因探索。

在供给方面，重点分析了供给组织存在的问题。现有公益性农技服务供给组织主要以基层农技推广组织为主，一直采用自上而下、"资金＋行政"的方式开展公益性农技服务，以完成上级部门下达的推广任务为工作重点，而农技服务是否可以满足农户需求就显得并不那么重要（黄季焜等，2000；中国农业技术推广体制改革研究课题组，2004；陈涛，2008）。对于农资经销商等经营性农技服务组织而言，目的是追求利润，其提供的公益性农技服务多与农资销售捆绑在一起，主要关心农资销售，公益性农技服务质量难以保证，农户只能被迫承担高价农资来获得一些较低水平的农技指导和服务（冯小，2017）。此外，这些组织更多关注营利性农技服务，对了解农户公益性农技服务需求的积极性不高。由此可见，在公益性农技服务供给中，无论是经营性服务组织还是公益性农技服务组织，都缺乏了解农户需求的动机和积极性，没有把握农户的实际需求，导致供需矛盾难以得到有效解决。

在需求方面，农户受限于群体身份的弱势地位，是服务的被动接受者，缺乏表达自己农技服务需求的积极性。此外，由于受到公益性农技服务属性的影响，部分农户容易产生"搭便车"的心理，不愿意表达自己的需求。而向农业技术推广机构表达自己需求的农户则因为表达方式不当，抑或表达过于分散、表达渠道不畅通等因素，无法使其需求成为对农技推广组织而言具有显示度的需求。在农户需求显示度低的情况下，要改善农技服务供需不匹配的状况就会相当困难。

现有研究也逐渐认识到在解决公益性农技服务供需矛盾中，了解农户需求有着重要的作用，并围绕农户需求展开了一些探索。一方面，从体制机制方面出发，尝试让农技服务供给组织树立"农户需求"这一服务标靶（Esman，1983；Roling，1982；陈涛，2008；焦源等，2014），但并未取得有效进展。加之在现有资源条件下，现有农技推广机构不仅缺乏了解农户需求的动机，也受限于人力、物力等因素而无法完成该项工作。另外一些学者则从需求主体出发，一致认为解决公益性农技服务供需矛盾问题，必须以了解农户需求为基础。但是，需求信息的有效识别存在困难，隐性公益性农技服务需求难以显性化，并且需求信息也存在不真实的情形。那么如何使得需求信息能够被服务供给组织识别，并能在一定程度上保证需求信息的真实性呢？农户需求表达则是解决以上难题的有效手段，并对于改善农技服务供需矛盾具有重要的积极作用（李莎莎，2015；毕颖华，2016；冯林芳、高君，2015）。要解决农技服务供需矛盾，满足需求主体表达出来的需求至关重要（Garforth，2004），也有学者强调"农户主导"的推广模式，它能有效解决市场失灵带来的弊端（Birner，2007）。现有研究虽然已经意识到了农户需求表达对于有效识别农户需求，破解公益性农技服务供需匹配问题具有重要的作用，但多停留在宏观政策层面，对需求表达与公益性农技服务供需问题之间的关系尚未进行深入地理论分析和实证检验。基于这一考虑，本研究尝试从农户需求表达的视角来寻求破解公益性农技服务供需不匹配问题的方法，以此提出本研究拟解决的科学问题：首先，农户需求与农户需求表达之间的关系如何？农户需求表达重点与结构如何？当前公益性农技服务可得性如何？农户需求表达对农技服务可得性的影响如何？哪些因素是影响农户需求表达的关键因子？从需求表达的视角出发，可以提出哪些切实可行的政策来促进公益性农技服务的可持续发展？回答以上问题，不仅有利于为解决公益性农技服务供需不匹配问题提供新的解决途径，也将为公益性农技服务的发展提供新的改革方向。

因此，本研究将结合现有的国内外文献资料完成以下几个方面的研究内容：首先，在对农户需求与需求表达关系辨析的基础上，分析了农户需求表达的特征以及需求表达所表现出的需求重点，以此来确定优化服务供给的方向。其次，对现有公益性农技服务可得性进行测算，重点分析农户需求对公益性农技服务可得性的影响，并进一步分析表达决策——表达方式、表达渠道以及表达对象——公益性农技服务可得性之间的影响路径。基于 UTAUT2 行为理论，进一步解构影响需求表达决策的关键因素，并提出促进公益性农技服务发展的有效政策。为保证以上研究工作的开展，本研究对湖南湖北两省开展了实地调查，收集了大量的一手数据，对以上研究问题进行实证检验，为解决我国公益性农技服务供需匹配问题提供可靠的经验证据。

1.2 研究目的与意义

1.2.1 研究目的

本研究的目的可以概括为，以第一手微观调研数据为基础，基于农户行为理论、公共服务理论、公共物品均衡理论，在明确农户需求与农户需求表达之间关系的基础上，以农户需求表达为重点，明确了现有公益性农技服务结构优化的方向，在厘清农户需求表达与公益性农技服务可得性之间的影响机理基础上，进一步分析需求表达对公益性农技服务可得性的影响路径，并解构影响农户需求表达的关键因素，以尝试从农户需求表达的视角，提出促进公益性农技服务发展的有效政策。本研究具体需要围绕以下 4 个具体目标开展工作：

第一，厘清农户需求与需求表达之间的关系。目前关于农户需求探讨的研究中，重点确实聚焦在农户的需求上，但是在分析农户需求时候又多以需求意愿为主要测量变量，使得需求的有效性较为模糊，难以识别有效且真实的需求。并且由于公益性农技服务的公益性属性，使得农户需求主体可能会隐藏自己的需求，也会出现"搭便车"的行为，不利于识别农户的真实需求。而农户需求表达是将隐性的需求显性化的过程，也是展示农户真实需求的重要途径，通过文献梳理和逻辑推演，进一步厘清农户需求与农户需求表达之间的关系。

第二，辨明农户需求表达的重点和结构特征。虽然已有很多研究关注农户需求问题，但鲜有研究从农户需求表达的视角分析农户需求的重点和需求结构。因此，本研究将运用调研数据，首先分析农户对不同公益性农技服务的需求表达的重点和表达结构，进一步对比分析不同区域农户的需求表达重点和结构，不同经营主体的需求表达重点和结构，以此来明确公益性农技服务供给的重点和供给结构调整的方向。

第三，探明农户需求表达与公益性农技服务可得性之间的影响关系。已有研究表明农户需求表达是影响公益性农技服务供需状况的重要因素，但对具体的影响机理还缺乏深入探讨，更缺乏对影响关系的实证检验和影响路径的探讨。鉴于此，本研究将进一步厘清农户需求表达与公益性农技服务可得性之间的影响机理，并运用实证检验，筛选出主要的影响路径。

第四，解构影响农户需求表达的关键因子。本研究基于 UTAUT2 理论，对部分公益性农技服务需求表达行为决策的影响因素进行探讨，以寻求影响农户需求表达的关键因素，以此促进农户需求表达，提高农户需求的显示度。

1.2.2 研究意义

公益性农技服务供需不匹配问题一直长期存在，农户需求表达在解决这一问题中发挥着举足轻重的作用。那么从需求表达视角来寻求公益性农技服务供需不匹配问题的解决之道，不仅具有丰富的理论意义，还具有现实意义。

（1）理论意义

第一，对农户需求与农户需求表达之间的关系进行了辨析，丰富了需求表达理论。现有研究主要强调农户需求的重要性，多注意内在的需求意愿，并未考虑显性需求问题。本研究通过对农户需求与需求表达之间的关系进行梳理，从农户需求表达的视角解决农户需求显性化问题，使得农户需求能够更好地被农技服务主体识别，从而改善农技服务供需错位的问题。

第二，阐释农户需求表达对公益性农技服务可得性的影响机理。本研究首先分析了需求表达与公益性农技服务可得性之间的关系，然后利用微观数据实证分析了需求表达决策——表达方式、表达对象、表达渠道——服务可得性之间的影响路径，以期为改善公益性农技服务供需匹配状况提出有效的破解之道。

（2）现实意义

第一，有利于强化公益性农技服务需求主体的需求表达意识。从需求表达视角来分析，需求主体的需求表达意识是转化为行为的重要因素，行为则是在观念指导下的产物，通过研究证实了需求表达对公益性农技服务供需状况具有重要的影响。因此，在解决公益性农技服务供需不匹配问题时，农户积极表达自己的农技服务需求对改善农技服务具有重要的影响。然而行为的产生离不开农户需求表达意识的改变，在强化农户需求表达行为重要性的同时，也会让需求表达主体的需求表达意识得到加强，从意识里重视需求表达。

第二，丰富了现有公益性农技服务推广机制，为改善公益性农技服务供需匹配状况提供方案和政策支持。从农户需求表达视角探讨公益性农技服务的支持政策，尝试对强调农户需求为基础的推广机制进行拓展，发挥农户需求的作用，并能更好地将现有以公益性为代表的农技服务推广机制落到实处，尝试为解决公益性农技服务供需矛盾提供新的突破口。通过分析需求表达对公益性农技服务供需匹配状况的影响机理和路径，并从需求表达重点、需求表达机制等多个方面提出解决公益性农技服务供需不匹配状况的支持政策，不仅有利于完善现有的农技推广的政策体系，也有利于发挥农技服务需求主体的作用，以此来满足新时期农业发展的要求。

第三，有利于推进农技推广服务事业的发展，发挥农业科技引领作用。通过对公益性农技服务需求主体的需求表达重点进行总结和梳理，明确公益性农技服务结构优化的方向。此外，从需求表达视角研究农户需求会更加真实可靠，并且提高了农户需求的可识别度，不仅可以为基层农技供给组织和经营性农技供给组织开展农技推广服务时提供参考，并有利于加强农技服务供给组织和农技服务需求主体之间的了解和沟通，有利于提高农技服务的针对性和供给效率，发挥农业科技对于农业发展的创新引领作用。

1.3　研究思路、内容与方法

1.3.1　研究思路

解决公益性农技服务供需矛盾问题，必须以了解农户需求为基础。现有文献从供给和需求两个方面展开了丰富的研究，但是围绕供给主体出发的体制机制方面的探讨并未取得良好的效果，供给组织难以主动了解和把握现有农户的需求，但是要提高公益性农技服务的针对性和有效性又必须以农户需求为基础，那么能否从农户需求主体出发寻求解决之道呢？从农户需求主体出发，如何能让农户需求能够被识别和被了解？根据现有学者研究，农户需求表达则是有利于将农户需求显性化的有效手段，由于需求表达行为会存在一定的成本，在成本约束条件下，还可以剔除一些不真实的需求。基于以上考虑，本研究以稻农为主要研究对象，分析稻农需求表达是否影响公益性农技服务供需状况，具体的影响如何？本研究就研究背景和研究问题的提出进行阐述，进一步梳理国内外现状及相关理论，并提出研究的分析框架。在分析框架的指导下，首先对需求与需求表达关系辨析，说明本研究从需求表达视角出发开展研究的必要性和可行性。其次，依据需求表达了解公益性服务需求表达的重点和结构，在此基础上，重点分析需求表达对公益性农技服务可得性的影响机理，并进行实证检验。为提高需求主体需求表达的积极性，本研究进一步对影响需求表达的原因进行解构，最后依据研究结论，提出有针对性的政策建议。

1.3.2　内容结构布局

依据本研究的研究目标和研究思路，本研究的具体内容结构安排如下：

第1章，导论。首先介绍了本研究的背景与问题的提出，进一步分析了本研究的研究目的，并从具体现实情况出发阐述研究的迫切性，从理论基础出发详细阐述本研究的重要性，与此同时，对研究思路、研究内容以及方法进行简单介绍，并提出本研究可能的创新之处。

第2章，理论基础与文献综述。首先，对于本研究所涉及的相关概念进行界定，在对需求表达的概念和构成要素进行介绍的基础上，进一步对公益性农技服务的内涵与外延进行界定，有利于明确本研究的研究对象。其次，根据本研究的研究问题和研究对象，对本研究所涉及的农户行为理论、公共物品供需均衡理论、公共服务理论进行梳理总结，把握其理论精髓，并结合本研究的研究问题开展理论分析。与此同时，对现有研究进行文献回顾，主要集中对农技服务供需状况、农户需求表达以及农户需求表达与农技服务供需关系3个方面进行文献梳理和总结。根据文献回顾状况，对现有文献进行述评，阐述本研究与以往研究的不同，并分析本研究在以往研究的基础上可以做哪些方面的延展工作。

第3章，分析框架与数据来源。在理论基础和文献回顾的基础上，提出本研究的分析框架，为后续研究提供理论基础。在开展研究之前，对研究区域选择、数据获取以及样本概况进行阐述，说明研究的实际调研的基础工作。

第4章，农户需求与需求表达的关系辨析。首先，对农户需求的内涵与现状进行分析，根据实地调研结果，分析样本区域农户对公益性农技服务的需求状况。其次，对需求表达的构成要素进行梳理，并依据调研结果，从需求表达方式、表达渠道以及表达对象3个方面分析了需求表达的特征。最后，对需求表达与农户需求之间的关系进行了阐述和剖析。

第5章，农户公益性农技服务需求表达的重点与结构分析。主要从两个方面开展研究，首先，对本研究所考查的公益性农技服务而言，样本农户表达的需求重点如何，依据需求表达重点，归纳总结现有公益性农技服务需求表达的结构。其次，对不同生产经营主体和不同区域样本农户，分析了需求表达重点，并总结需求表达的结构层次。

第6章，农户需求表达对公益性农技服务可得性的影响分析。首先，构建模型对公益性农技服务可得性进行测算。其次，在分析农户需求表达现状的基础上，重点阐述需求表达对公益性农技服务可得性的影响机理，检验需求表达是否影响公益性农技服务可得性。最后，探讨农户需求表达对公益性农技服务可得性的影响路径。重点分析需求表达渠道、表达方式以及表达对象是否在表达决策与农技服务可得性之间存在中介传导作用。

第7章，农户公益性农技服务需求表达的影响因素分析。本章以影响路径的分析为基础，重点分析影响农户需求表达决策的影响因素，运用UTAUT2理论模型，分析绩效期望、努力期望、社会影响、便利条件、享乐动机、沟通成本以及习惯变量对主体行为的影响，以此来寻求影响农户需求表达行为选择的关键因子。

第8章，研究结论与支持政策设计。本章将系统归纳前面章节的研究结果，在已有研究基础之上，提出4个方面的支持政策，来促进我国公益性农技服务的发展。首先，把握需求表达重点，优化公益性农技服务结构；其次，完善需求表达机制，提高公益性农技服务可得性；再次，提升需求表达能力，提高需求表达主体表达的积极性；最后，加强保障体系建设，保障公益性农技服务作用的发挥。

1.3.3　研究方法

（1）文献收集与归纳演绎法

首先，通过对文献收集整理，掌握已有研究进展，是开展研究最基本的前提条件。本研究主要围绕农技服务供需状况、农户需求表达以及农户需求表达与农技服务供需状况之间的关系研究进行了文献梳理，并通过归纳演绎提出已有研究存在的不足和可以拓展的内容，据此提出本研究的切入点。其次通过文献回顾，分析了农户需求表达对公益性农技服务供需状况的影响机理，为开展实证研究提供了理论支撑。其次，通过对现有农户行为理论、公共物品均衡理论、公共服务理论的思想和发展进行归纳整理，并在理论指导下，运用归纳演绎方法提出本研究的分析框架。

（2）计量分析法

随着研究的不断深入，数据和模型在解释现象和解释问题时发挥越来越重要的作用。本研究中使用的计量分析方法主要有文献计量法、多元线性回归模型、二元 logistic 回归模型和中介回归模型，其具体解决的问题如下：

文献计量法。文献计量法主要是通过分析文献颁布时间了解其时间变化规律，通过分析文献数量以及文献内容分析其动态变化规律，此外，运用数学和统计学的相关方法对相关数据进行处理，得到研究结论。文献计量软件较多，不同的软件具有不同的功能。其中知识图谱是对知识发展趋势与结构进行展示的一种图形，它的研究对象是科学知识，运用数学、信息科学等多个领域的知识，采用不同的运算方法和技术将知识发展绘制成二维图形，即知识图谱。本研究在第 2 章中主要运用该方法来分析农技推广领域的研究动态及进展，了解农技服务在农技推广领域中的地位和作用。

多元线性回归模型。第 6 章运用多元线性回归模型，检验需求表达要素对公益性农技服务可得性的影响，首先检验是否有表达行为对公益性农技服务可得性的影响，在此基础上进一步检验需求表达决策、表达渠道、表达对象、表达方式对公益性农技服务可得性的影响。

中介效应模型。第 6 章进行影响路径检验时，应用中介效应模型检验农户需求表达决策是否因为选择的表达方式、表达渠道以及表达对象的不同来影响公益性农技服务可得性。由于本研究的中介变量是二分类变量，因变量是连续性变量，两类不同的变量在中介模型中，两者的量纲不一样，不能用常用的 Sobel 检验方法进行检验，因此，在进行中介效应检验时，需采用适宜的检验方法，本研究采用 Iacobucci（2012）提出的检验步骤进行检验，该方法能够较好地解决模型中量纲不一致的情况。

二元 logistic 回归模型。第 7 章中运用主要二元 logistic 回归模型分析影响农户需求表达的关键因素。分别运用二元 logistic 回归模型分析样本农户新品种、病虫防治等 5 项农技服务表达决策的主要影响因子。

（3）实地调查法

本研究所使用的微观数据都是基于实地调研收集的数据，主要在湖南和湖北两个省份开展了实地调研工作，通过问卷调查、访谈等形式对受访群体进行一对一的调查，收集相关信息。本研究进行了多次实地调查，首先，开展预调查，对问卷进行反复修改和完善，以尽可能地掌握现实问题。其次，在实地调研过程中，不断地总结问题，不断调整调研方案和把握调研技巧。

（4）描述统计分析法

本研究多次运用描述性统计分析方法，首先在数据来源的介绍中运用描述性统计分析方法统计了样本的概况，对样本的受教育年限、年龄、务农年限以及是否有其他身份展开统计分析，有利于较好地掌握样本农户群体特征。此外，在第 5 章基于需求表达的公益性农技服务结构优化分析章节中，采用描述性统计分析方法分析了在不同区域及不同经营主体农户群体中农户对不同类型的公益性农技服务的需求表达重点。

1.3.4　技术路线图

本研究的技术路线方案如下：首先，在分析研究背景的基础上，提出本研究的分析框架。在此基础上，对农户需求与农户需求表达关系进行辨析，分析从农户需求表达展开研究的必要性和可行性。基于农户需求表达的视角，了解需求表达的重点和结构，并分析需求表达对公益性农技服务可得性的影响。为发挥需求表达在公益性农技服务供需状况中的作用，进一步对需求表达的影响因素进行分解，为构建需求表达机制提供理论基础。最后，根据研究结论，提出公益性农技服务的支持政策。具体见图 1-1。

1.4　研究可能的创新

本研究从农户需求表达的视角分析公益性农技服务供需不匹配问题，以期为改善公益性农技服务供给状况，提供有效的政策支持。同时，本研究加深了农户需求表达与公益性农技服务供需矛盾之间的关系认识。因此，本研究具有一定的实践意义和理论意义。与以往的研究相比，本研究可能存在以下 3 个方面的创新：

第一，从农户需求表达的视角来寻求公益性农技服务供需匹配问题解决的途径，并以农户需求表达为基础，对农技服务需求表达的重点和结构展开了深入分析。现有关于农户需求表达的研究多集中在公共物品和公共服务领域，针

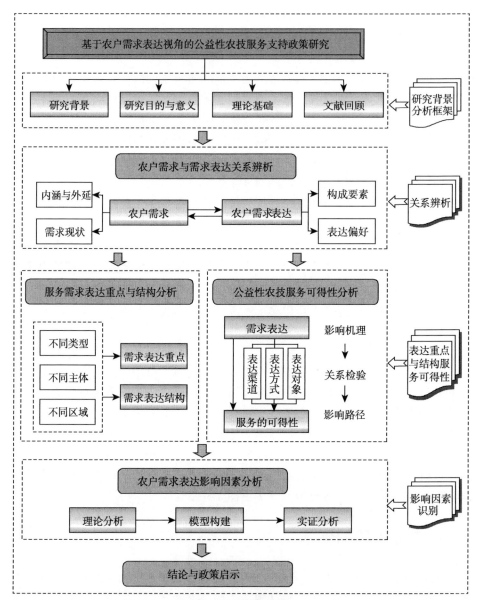

图 1-1 技术路线

对公益性属性的农技服务方面的农户需求表达研究还比较缺乏。本研究将需求表达运用到公益性农技服务领域中,对需求表达的重点和需求表达结构进行了分析,为更好地把握公益性农技服务领域中需求表达现状和需求表达问题提供了现实基础。

第二,对农户需求与农户需求表达之间的关系进行辨析,是对以往研究的有益补充。现有关于农户需求与需求表达的研究较多，但多停留在对某一方面的研究，鲜有研究对农户需求与需求表达关系进行探讨。本研究从概念、特征以及现状等方面对农户需求与需求表达的区别与联系进行了分析，阐述了农户需求与需求表达之间的关系，为解决农户需求显示问题提供理论支持。

　　第三，检验了农户需求表达对公益性农技服务可得性的影响关系，并进一步分析了具体的影响机理和路径，是对已有研究的有效扩展。现有研究逐渐意识到了农户需求表达对公益性农技服务供需状况有重要的影响，但多以定性研究为主，更缺乏对影响机理和路径的分析。本研究运用定量的分析方法，首先检验了农户需求表达与公益性农技服务可得性之间的关系，并运用中介效应模型检验了农户需求表达对公益性农技服务可得性的影响路径，即农户需求表达决策——表达方式/表达对象/表达渠道——公益性农技服务可得性之间的影响路径。通过厘清农户需求表达对公益性农技服务可得性的影响路径，不仅有利于发挥农户需求表达的作用，还对改善公益性农技服务的供给状况具有重要政策含义。

2 理论基础与文献综述

本章在阐述了需求表达、公益性农技服务的概念的基础上，结合本研究的内容对农户行为理论、公共物品均衡理论以及公共服务理论进行了梳理，与此同时对国内外研究现状进行文献回顾。首先，对农技推广领域的研究动态进行了文本计量分析，把握了现有研究领域的现状；其次，围绕农业技术服务供需状况、农户需求表达以及农户需求表达与农技服务之间的关系的研究进行了文献梳理，并提出现有研究的不足，以及本研究尝试努力的方向。

2.1 概念界定

2.1.1 需求表达

在政治学和公共管理学中，需求表达这一概念的运用极其广泛，不同的学者对其有不同的概念界定。一些学者结合自己的研究对其进行了界定，认为需求表达是维护自身利益的行为表达（拉斯韦尔，1992），是需求转换成政策的过程（阿尔蒙德，2007），也是公民参与公共事物的方式（卡罗尔·佩特曼，2012）等。国内学者在借鉴国外学者研究的基础上，对这一概念进行了丰富和发展，认为需求表达是指公民向政府提出自己的需求，通过一定的渠道和方式表达出自己的要求，以期得到回应，实现其既定需求的过程（郝艳伟，2011；商丽，2012），也是体现需求话语权，并使得需求主体的需求得到有效回应的过程（宋琴，2014；刘卿卿，2015）。本研究主要是使用李容容等（2017）对农户技术需求表达的概念界定，认为农业技术需求表达主要指农户根据实际农业生产活动中遇到的农业技术难题和疑惑，向农业技术推广主体进行技术咨询和反映自己的技术需求，以期得到回应。

2.1.2 公益性农技服务

农技服务从供给主体出发，主要是指农技服务组织向需求主体提供农业技术指导以及与技术相关的知识、信息等，这些供给的内容也直接影响服务的属性特征（扈映等，2006）。公益性农技服务则强调公益性属性，该类服务具有非竞争性和非排他性，从经济成本角度来看，这类农技服务则不需要需求主体提供经济成本，并且对于任何需求主体而言，其获得某项服务支持，并不会导致其他人对该服务的可得性减少。因此，公益性农技服务必须满足以上条件。

公益性农技服务种类较多，如何挑选合适的农技服务展开研究呢？本研究主要依据《中华人民共和国农业技术推广法全文（最新修订版）》指出各层级的农技推广机构具有公益性特征，对公益性农技服务机构的公益性职能进行了明确，筛选出了本研究关注的 15 项主要公益性农技服务。在《中华人民共和国农业技术推广法全文（最新修订版）》中，清晰界定了农技推广机构的公益性职能。①国家或地方农业技术推广政府部门不仅要及时引进新的技术，而且还要开展必要的技术试验和技术示范。在这一条职能中，结合水稻产业的不同环节，主要选取了新品种技术和高产高效技术两类，进行针对性地示范和推广研究。②针对种植业、畜牧业的重大灾害或疫情进行及时全面地防控，做到提前预警、科学防控。在这一条公益性职能中，主要选取了病虫害测报服务以及病虫防治服务。③主要开展检验技术服务，重点对农产品生产进行管控。在这类服务中，主要强调水稻生产过程中的各项检测服务，本研究主要选取了农药残留检测服务、重金属污染检测服务。④针对农业生产要素、农业生产环境和生态环境资源等给予必要的污染检测、信息公布和制度管制服务。主要选取了土肥检测服务、安全用药服务以及农机质检服务。⑤水资源管理、防汛抗旱和农田水利建设技术服务。针对这类公益性职能，本研究结合调研的实际情况，将以上 3 类技术全部纳入研究范围。⑥主要是针对公共信息以及农业技术方面展开的一些服务支持。这类公益性职能中主要选项政策宣传服务以及技术培训服务。最后是法律、法规规定的其他职责，这项职能包含的范围较广，因此，本研究没有选取该项职能所表征的公益性农技服务。针对以上 15 项公益性农技服务而言，其具体的服务内涵界定如下：

（1）开展农作物新品种的展示、示范、宣传服务。主要指进行水稻新品种的推广示范服务，以帮助水稻种植户更好地了解新品种的特性，以此来保证粮食的稳产增产。

（2）高产高效技术示范服务。主要指提供高产高效关键水稻种植技术的引进、示范服务，例如育秧技术、移栽技术等示范服务，让技术需求主体能够近距离的感知到技术的成效。

（3）病虫测报服务。对水稻生产过程中的病虫害进行检测、预报以及预警等方面的服务。由于水稻种植周期较长，不同周期有不同的病虫害，加上气候变化多端，水稻病虫害检测服务显得尤为重要，及时有效的病虫测报信息的公布将有利于水稻种植户及时采取防范措施。

（4）病虫防治服务。主要指提供水稻病虫防治的知识、方案，以指导水稻种植户进行病虫防治。虽然有些种植户种植经验丰富，但是也可能会遇到难以解决的病虫害，也需要农技服务机构提供病虫防治指导来保障病虫防治的有效性和针对性。

（5）农药残留检测服务。主要指对具有大量高毒或者剧毒的农药残留状况的产品进行检测，以此来保障产品安全。

（6）重金属污染检测服务。主要是对产品进行汞、镉、铅等重金属检测，还包括对具有一定毒性的铜、锌等金属含量的检测，以减少重金属对人体的危害。

（7）土肥检测服务。主要是围绕土壤和肥料开展的检测服务，对土壤成分进行检测，以反映土壤的肥效资源状况，对肥料质量依据标准进行检测，以保证肥料的质量。

（8）安全用药服务。主要是指导农药使用者提高鉴别农药真伪的知识，并加强农药使用的宣传。

（9）种子质检服务。主要开展种子打假、质量检测服务，以保证生产者使用的水稻种子都是有质量保证的种子。

（10）农机质检服务。主要是对农机质量开展检测服务，对在用的特定种类农业机械产品的适用性、安全性、可靠性和售后服务状况进行调查的服务，以此来保证生产者所使用的农业机械是可靠的、质量过硬的产品。

（11）政策宣传服务。主要是对与农业生产相关的政策进行宣传，此外还有对农业生产所需要的农业技术相关政策进行宣传推广，让稻农了解到与公益性农业技术相关的技术政策，从而发挥政策的引导作用，鼓励稻农积极采纳农技服务。

（12）技术培训服务。主要是对农业生产者开展的关于农药、肥料、农膜、种子种苗、植保技术等农业知识与信息服务方面的技术指导，以此来提升生产者的种植技能和知识储备。

（13）防汛抗旱服务。主要是围绕农业生产过程中的旱灾和洪灾进行防汛抗旱的指导和协调，以保证水资源的合理利用和减少洪水对农业生产的影响。

（14）水资源管理服务。主要是进行农业用水的日常管理和调控，节约水资源，提高水资源利用效率。

（15）农田水利建设服务。主要是指对农田水利设施进行建设、维护以及修理等服务。

2.2 理论基础

2.2.1 农户行为理论

农户行为选择和动机是农业经济学的重要议题，各个学科围绕农户行为展开了丰富的研究。目前关于农户行为的相关理论主要包括理性小农、生存小农。

（1）理性小农

农户经济行为都符合效用或者收益最大化是理性小农学派的主要观点。理性小农的代表是以舒尔茨和波普金为代表的经济学家，认为并不是农民的愚昧导致了传统农业的落后，而提出农民也是利己者，在进行资源和生产要素配置的行为决策时，农民是理性的，在理性行为决策的基础上，开展农业生产，并对与农业生产相关的要素进行组织和协调，最终实现资源的优化配置。在对农民的经济行为展开深入分析的时候，舒尔茨主要围绕农民行为发生的动机、行为背后的态度以及行为理性等方面展开了分析，以此来突出人力资本理论的重要性。

在此基础上，波普金从理性小农的视角出发，把社会现象看成单个社会个体做出最优选择下的理性行为的结果。波普金的思想是在舒尔茨的理性小农思想以及奥尔森的集体行动理论之后不断发展起来的。其主要核心观点是，农户作为理性经济人，其主要是追求利益最大化，在农民参与集体行动的时候，其行为动机依然是以利润最大化为目标，而不是从集体权利和集体互惠为出发点。该理论进一步强调了集体行为理论对小农生存的重要性，但是小农是否为集体贡献力量，则取决于个体利益而不是集体利益，说明即使有集体行为，但是依然以小农户个人利益为主。

理性小农学派一直坚持以经济理性为基础，用理想的思想去探讨和分析农户的行为，了解农户行为背后的动机。由于小农的经济理性，使得农户在集体行为中，依然以个人或个体家庭利益为主。该理论对于本研究探讨农户行为具有重要的指导意义，在表达公益性农技服务需求诉求时，农户必然以自己的利益为主，并且由于农技服务的公益性属性，使得农户容易出现"搭便车"的行为，以获得服务支持。

（2）生存小农

生存小农是实体小农学派的主要观点，其思想来源于经济学家卡尔·波兰尼，其最早提出经济行为应该纳入社会行为中，认为经济不仅会受到法律约束，还会受到政治和人际关系的影响，此外还会受制于各种社会制度。在实体小农学派看来，理性小农观念与实际状况不符，农户经济是与资本主义不一样的经济，是一种独特的经济社会形态。农户行为由于受生存理性、文化习俗限制，农民对生存安全、风险规避等方面的考虑要远远高于对利润的追求。鉴于此，该学派提出农民从事农业生产其主要目的在于满足生存需要，因此在农业发展过程中，要尊重农民的主体性选择。对于该理论学派最具有代表性的经济学家主要有恰亚诺夫、汤普森等。

实体小农学派的主要创始人是恰亚诺夫，他促进了实体小农学派的发展。其主要从农民的心理状态和农业经济组织形态来分析农户的经济行为，并提出农户家庭经济的组织理论。该理论认为农民生产的劳动力以家庭劳动力占据主导，其生产目的则是满足主要劳动力来源的家庭消费为主，与理性小农相比，并不是为了追求利润的满足。其主要观点认为，农户的经济行为的主要出发点则是生存理性，但是会受到众多要素的影响，例如劳动力、土地状况、家庭规模等，都会对农户行为产生影响。另一代表学者则是汤普森，他主要从粮食骚动行为出发解释人的行为，并从民众心态和政治文化的视角探讨了集体行动问题。

生存小农，主要认为农户不是以追求利润为目的，而是以生存为主要目的，因此在分析农户行为时，要充分考虑农户的生存理性。该理论对本研究的指导意义在于，农户在进行需求表达决策时也会考虑成本因素，当意识到成本过高时，农户不会采取需求表达行为。

2.2.2 公共物品均衡理论

（1）林达尔均衡

公共物品需求的研究一直是经济学家们研究的热点问题，该问题最早可以追溯到林达尔的分析。1919 年，在《课税的公正》中林达尔提出有关均衡的观点，是公共物品理论中关于均衡分析比较早期的研究成果。他的主要贡献在于在公共物品的分析中运用了竞争市场中关于均衡的分析框架。他认为在这种分析框架之下，公共物品的价格主要由两个方面的因素决定，一是政策选择要素，二是税收要素，其中个人的需求意愿也在其中发挥重要的作用。林达尔均衡的主要含义是，要实现公共物品的有效供给必须实现以下条件，即社会成员应该承担的成本费用应与其自身所获得的公共物品或公共服务带来的边际收益的大小等同，林达尔将社会成员所承担的社会成本和有效供给的政治决策巧妙地联系在一起，公共物品的供给水平是在个人偏好确定的情况下形成的。对于政府公共物品供给而言，要实现供给和需求的均衡，要求公共物品的获得者支付一定的成本，这个成本等于自己从公共物品中得到的边际收益的大小。

当然，这是一种理想的情形，其实现的可能性较低。其主要原因在于公共物品的非竞争性与非排他性，容易使得公共物品需求主体出现"搭便车"的现象，以实现自身利益的最大化。此模型也建立在 3 个假设的基础之上：一是有收入和偏好相同的两组选民，这两组选民中各派出一个代表 A 和 B；二是两个代表者都能准确陈述自己的偏好选择；三是公共物品所需要负担的成本与公共物品产出预期作为一个选项同时决策，以此来避免因为决策顺序的不同导致的投机行为。

（2）庇古模型

英国福利经济学家、剑桥学派的主要代表庇古认为每个人从公共物品的消费中获得收益或者效用，但效用是递减的。同时，个人必须支付一定的税收，在享受公共物品时，消费者也会面临负效用，当消费者需要纳税时，庇古则把这种负效用定义为机会成本，是指个人放弃消费私人物品时的成本。结合相关定理，均衡状态的实现是指人们用于消费公共物品的最后一元钱带来的边际效用与此时为这最后一元获得的公共物品所必须支付的税收带来的负效用相同。他从规范的角度，指出均衡状态即为个人消费公共物品的边际收益与为了消费公共物品而要支付的税收带来的负效用相等。

（3）萨缪尔森均衡

关于公共物品的定义，最早是来自于萨缪尔森给出的定义：每个人对某种物品的消费和使用的机会与周围其他人对该类物品的消费和使用的机会是一致的。关于公共物品的描述主要刻画了公共物品非排他性的特征。萨缪尔森在《公共支出的纯理论》中指出，公共物品供给均衡问题分析的主要内容是如何实现社会资源的优化配置，重点是实现社会资源在私人物品和公共物品之间合理配置。他认为确定满足帕累托最优条件的公共物品数量非常难，难以构造一个过程可以显示做决策所需要的偏好信息。与此同时，他给出了建议，认为市场机制可以发挥作用，在信息完全的条件下，可以使得关于公共物品需求偏好的信息在居民与决策者之间得以传递。萨缪尔森一般均衡模型的核心是在满足两个限定性假设条件的基础上，假设一，有一个计划者，非常了解每一个人，清楚知道每个人为了得到公共物品所愿意支付的成本；假设二，每个需要公共物品的人都是真诚的，并且能够准确地知晓和表露自己的需求偏好。

通过以上理论分析，林达尔均衡、庇古模型等理论都强调了个人需求偏好对于公共物品均衡、公共物品供给具有重要的影响。这些理论也进一步印证了从农户需求偏好显示出发，分析公益性农技服务供需匹配问题具有充分的理论支撑。公共物品的均衡理论与一般均衡理论存在一定的差异，由于公共物品属性特性决定了公共物品的供给与一般市场产品的供给存在差异，必然会有政府部门的介入，从而影响市场规律发挥作用。而一般市场均衡，则由市场规律来调节，通过市场规律的作用实现资源的优化配置和实现供需均衡。

2.2.3 公共服务理论

新公共服务理论试图吸收公共行政管理和新公共管理理论的合理部分，是对两种理论的发展。在改进当代公共管理实践中，新公共管理理论摒弃了一些缺陷和不足，并发挥了自身重要的作用和价值，更适用于现代社会发展，更符合公共管理实践需求，也更加关注社会价值和公共利益的理论导向。

　　新公共服务理论认为，公共管理者应该承担为公民服务的职责，应在公共组织管理中发挥管理者职能和在公共政策执行中发挥更多的作用。为政府部门撑船划桨不是公共管理者工作的重点职责所在，公共管理者的工作重点应该是具备搭建政府部门与普通民众间沟通桥梁的能力，通过整合自身所具备的资源帮助政府实现资源高效配置的同时，对服务的民众接受者提供相应的信息反馈平台，实现上通下达、平等互惠的综合管理模式。基于政府的角度而言，该理论强调政府的基本立场应该是以公共利益为基准点，最大限度地体现人民的意志和尽可能地尊重人民，在共商中产生共同价值观。由此可以看出，公民的真实意愿是非常重要的，政府的职责不在于领导与控制公民，而是要遵循公民的意愿，为更快、更好地实现公民的目标而服务。基于该理论，我们首先要明确政府公共服务的根本目标，公共文化服务体系建设的目标是公平性、民主性以及服务对象的满意情况。从现有的文献资料中不难发现，西方发达国家对公共服务的研究方向和建设目标几乎都是在围绕公民的需求展开，旨在提升公民的幸福感知程度。其内容大致分为两个阶段，一是了解公民的真实意愿和需求，并鼓励其真实意愿的表达，通过表达方式和表达渠道的优化来提升公民的参与度；二是如何更好地满足公民的需求，包括提供固定需求更高层次的服务以及多样化、差异化需求的满足程度。因此，相较于"政府能提供什么"而言，"公民需要什么"将逐步成为政府未来工作的重心和方向。

　　在批判新公共管理的基础上，美国学者罗伯特·B.登哈特和珍妮特·V.登哈特夫妇，提出了新公共服务理论，强调公民参与公共政策。与传统行政理论相比，新公共服务理论主要贡献是改变了把政府的自我完善作为公共管理的重点，创新性地把公民放在核心的位置，强调政府的职能是"服务而非掌舵"。它强调公共政策的制定应该要以公民为导向，让公民参与进来。

　　公共服务的核心理念包含两个方面，首先是注重公共利益，其次是注重公民权利。政府能够迅速地回应公民的需求表达，并且对政府的开放性和易接近性提出了更高的要求。以上观点提醒我们，在提供公共服务时，需要考虑民众的要求，尤其在进行农村公共服务供给时，要重视农户的需求和偏好，把农民放在中心位置考虑是做好公共服务的重要前提。在提供农业公共服务过程中，建立有效完善的需求表达机制，让农民能够表达自己的需求，是服务型政府的主要职责。新公共服务理论实际上为本研究开展需求表达服务提供了必要性方面的理论支持。

2.3　国内外研究现状

　　为更好地把握国内外研究现状，本研究首先主要采用文献计量分析方法，对农技推广领域的研究热点及趋势进行分析，以确定公益性农技服务在农技推广领域中的地位。其次，运用归纳演绎的方法，对农技推广领域的研究进行梳理和总结，并进行文献述评，总结现有文献的不足之处，提出本研究尝试拓展的方向。

2.3.1 农技推广领域研究动态分析

（1）数据说明

本部分进行文献计量的数据主要来源于中国知网（CNKI）中收录的 CSSCI 期刊论文。为保证尽可能地将本研究领域的重要论文都纳入研究中，通过测试多种组合的关键词，最后确定文献搜索主题词汇主要包括以下内容："主题＝农业技术推广"或含"主题＝农技推广"或者"主题＝农业技术需求"或者"主题＝农业技术供给"或者"主题＝农业社会化服务"或者"主题＝农业技术服务"或者"主题＝农业技术扩散"；对于篇名主题词主要包括以下内容："篇名＝农业技术推广"或含"篇名＝农技推广"或者"篇名＝农业技术需求"或者"篇名＝农业技术供给"或者"篇名＝农业社会化服务"或者"篇名＝农业技术服务"或者"篇名＝农业技术扩散"。为进一步保证文献的质量，本研究采取人工剔除的方法，首先对不属于 CSSCI 数据库的文献进行删除；其次，对各类书评、会议综述、各种通知、期刊目录、广告、新闻报道以及政府公文等其他不相关的文献进行剔除，以避免其他文献对研究结论的干扰。最后获得适用样本 980 篇有效文献样本。数据下载截止时间为 2018 年 3 月 20 日，检索到的文献样本时间跨度为 1998—2018 年。本研究主要运用 Citespce 软件分析农业技术推广领域的研究热点及动态趋势。

（2）农技推广领域发文数量分布

对样本文献的分布情况进行统计，结果见图 2-1。1998—2018 年，农技推广领域的发文量整体呈现增长趋势，由此可见学界对于农技推广研究的重视程度越来越高。具体而言，1998—2007 年，农技推广领域内发文量比较稳定，发文数量多集中在 50 篇以内。自 2008 年起，发文量出现了较为明显的增长趋势，在 2008 年发文量达到第一个高峰值，为 78 篇。这可能是由于 2006 年《国务院关于深化改革加强基层农业技术推广体系建设的意见》（国发〔2006〕30 号）文件的出台，对我国农技推广体系改革提出了新的意见，引导了研究学者对农技推广的研究热情，以及 2007—2018 年中央 1 号文件强调了农业科技创新以及强化农业科技和服务支撑体系，提高了学者对农技推广工作的重视程度。2013 年，农技推广领域的发文量达到第二个高峰值，为 88 篇，占样本文献总量的 8.99%。这可能是由于 2012 年 8 月修订了《中华人民共和国农业技术推广法》，对农技推广工作有了新的指示和引导，因此，推动学界加大了对农技推广相关主题的研究力度。自 2014 年到 2018 年，发文量有小幅波动，但是整体上较为稳定。由此可见，我国农技推广领域一直是较为重要的议题，并取得了较为丰富的研究成果，一直受到学界的广泛关注。

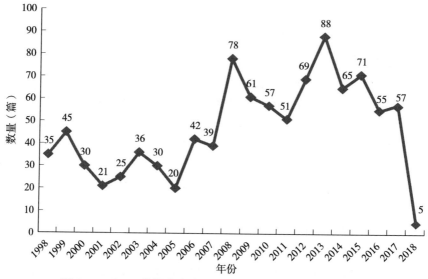

图 2-1　CNKI 数据库中农技推广领域发文数量的时间分布

（3）研究热点分析

本文运用 Citespace 软件对农业技术推广领域的重要文献进行文献计量分析。通过设置"Citespace"的相关属性，重点对文献的关键词进行分析，并设置筛选策略为 top20，选择 Pathfinder 算法，并对相似或者具有包含关系的关键词进行合并处理，例如将"农业技术推广"并入"农技推广"，将"农业社会化服务"并入"农业社会化服务体系"等，经过处理共形成了 142 个节点，268 条连线，具体如图 2-2 所示。

关键词节点在图中用圆圈表示，关键词的影响力通过圆圈的大小来表征，圆圈越大，说明关键词出现的次数越多，影响范围越广，线条的粗细表示共同出现的次数的多少，不同节点与节点之间的连线表示两个关键词同时出现。图中词汇字体的大小及圆圈的大小客观反映了该主题在农技推广领域的研究中受到的关注度。本研究主要显示频率出现 15 次及以上的关键词，可以看出，农技推广、农业社会化服务体系、农业技术、农业、家庭农场、农民等词汇出现频率较高。根据统计结果，其中农技推广出现了 135 次，农业社会化服务出现了 81 次，由此可见，农业技术推广领域中，重点是分析农技推广的主题，同时对农业社会化服务的关注度也非常高，说明农技服务是我国农技推广领域中的重要内容。

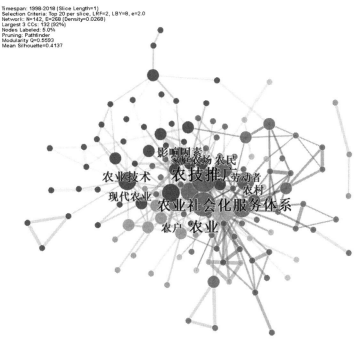

图 2-2 CNKI 数据库中农技推广领域文献共引——关键词混合路径的知识图谱

(4) 农技推广领域时序研究动态分析

为掌握农技推广领域发展态势及其发展规律，本研究运用 Citespace 软件绘制出 CSSCI 数据库中 1998—2018 年的农技推广领域的主题词在时间脉络上的知识图谱。图中的节点的大小表示影响力，节点圈的大小和字体大小表示共同出现的次数的多少，图中线条表示各个主题词之间的联系，本研究主要显示了共同出现次数大于等于 3 的节点，具体结果见图 2-3。

通过分析可知，我国在 1998 年左右开始了农技推广的研究热潮，其研究主要重点在农业技术推广、农业社会化服务以及技术创新等方面。在 2003—2004 年，农技推广领域的研究主题不断进行拓展，研究重点主要围绕农业技术、农技服务、推广模式等方面展开。在 2008—2010 年，研究重点主要围绕现代农业、技术扩散、社会化服务以及农技推广影响因素探讨等方面展开。从 2013 年至今，主要围绕新型农业经营主体、家庭农场以及农业现代化的农技推广展开了一些研究。

通过以上分析，说明我国农技推广领域的研究主要围绕农技推广以及农业社会化服务展开了一些研究，并结合不同生产经营主体的发展，也逐渐重视了对新型农业经营主体的农技推广以及农技服务的研究，由此可见，农技服务相关研究在我国农技推广领域研究中发挥了重要的作用，在不同的研究阶段都是

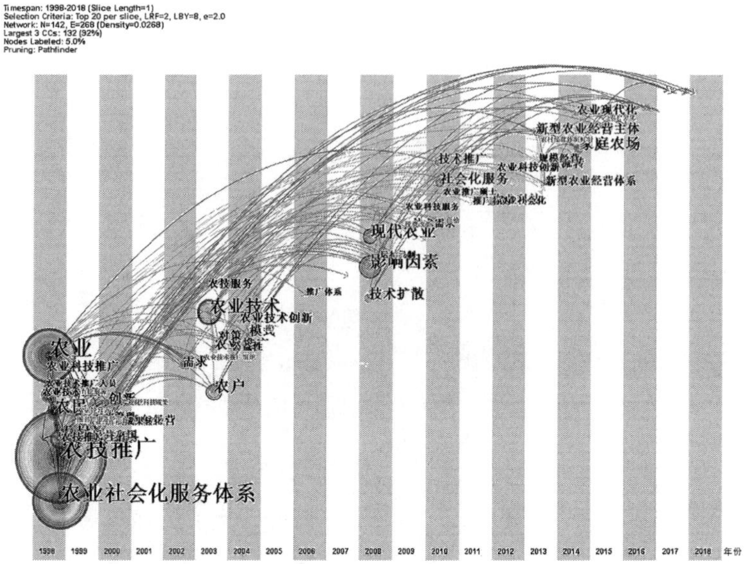

图 2-3　CNKI 数据库中农技推广领域主题词在时间脉络上演进的知识图谱

研究的主要关注点。因此，本研究分析公益性农技服务供需问题具有丰富的理论基础，并且对农技推广工作的推进具有重要的现实意义。

2.3.2　农业技术服务供需状况研究

（1）农业技术及服务需求现状分析

我国农业技术推广机构不断发展和完善，形成了从中央、省、市、县到乡镇的全覆盖，并形成了政府农技推广部门与其他推广组织共存发展的局面。农业经济增长与发展，离不开农业技术推广体系的良好运行（邵喜武等，2013）。随着新型农业经营主体的迅速兴起，我国农业技术需求主体也逐渐分化，基本可以划分为以新型农业经营主体为代表和以普通小农户为代表的两类需求主体。不同需求主体的需求重点、需求特征也存在差异，一些学者根据研究的不同侧重点对不同需求主体的需求进行了研究。

一是关于新型农业经营主体对农业技术和服务需求的相关研究。罗小锋等（2016）主要考察了种植大户迫切需要的农业社会化服务，通过研究发现种植大户对农业技术、农资供应、收购销售等方面的农业社会化服务需求更为迫切，对资金信贷的需求强度也较强，但是对除资金外的综合服务的需求强度较弱。焦源等（2015）主要分析了农户分化背景下的不同农户群体的农技服务获取途径，研究发现大户和家庭农场选择网络途径的占绝大多数，合作经营农户的技术获取途径主要来自于合作社自己供给，而对于小规模农户则更加青睐于通过人际传播途径来获取技术。牟爱州（2016）通过对河南省小麦种植大户进行调查，发现病虫防治和机械化技术的需求比例超过 50%，分别为 53.8% 和 59.6%；对于新品种和测土配方施肥两项技术而言，其需求比例也接近 50%。李容容等（2015）分析了种植大户对农业社会化服务组织的选择偏好，研究表明在农资供应、农产品收购以及资金借贷社会化服务方面，种植大户更加偏好营利性组织提供的服务；但在病虫防治以及农作物收割方面，种植大户更倾向于选择非营利性组织提供的服务。

二是普通小农户的农业技术或服务需求的研究。王崇桃等（2005）通过分析农户技术获取渠道选择行为发现，农技人员田间指导、新闻媒体和邻里效应的需求选择更为迫切，选择比例分别为 72.37%、70.87% 和 56.86%。王瑜等（2007）早期研究考察了种粮农户最迫切需要的农业技术服务，排在第一位的是病虫防治技术服务，第二位和第三位的是新品种技术服务和栽培管理技术服务，施肥技术服务则排在第四位。对于种植经济作物的农户，需求迫切程度排在前 4 位的农技服务种类与种粮农户一致，但是顺序稍微有差别。徐世艳和李仕宝（2009）研究也得到类似的结论，研究发现农民最关心的两类农技服务是病虫防治与良种配套栽培服务。农民有迫切的技术需求，农业生产、管理技术在未来农业发展和农业生产中的需求将会更加迫切（冯小，2017）。Kahan 认为随着农业生产追求高附加值的产品成为趋势，农民的技术需求将会发生变化，并且也会对现有农技推广内容和推广方式提出更高的要求。研究表明良种技术、融资管理技术、栽培和病虫害技术是合作社最为迫切的技术需求（董杰等，2017）。李艳华等（2009）主要对比了发达地区和欠发达地区的农户农业技术需求的差异，研究发现，发达地区农户技术需求由对传统的农药化肥等技术需求逐渐转变为对高新技术需求为主，而欠发达地区的农户技术需求依然以农药化肥等传统技术为主。宋金田和祁春节（2013）重点考察了柑橘产业农户的技术需求，通过调查发现，病虫防治技术、施肥技术是农户更为迫切的技术需求类型，两类技术的需求比例分别为 42.51% 和 18.47%；对于良种及栽培技术和加工储藏技术的需求比例较低，均低于 10%。由此可见农户更加偏好投资少、操作简单、见效快的技术，对于操作较难、风险更大的技术的需求强度较低。何可等（2014）分析了农村妇女的技术需求，研究表明，自我雇佣型妇女对不同农业废弃物基质化技术的需求存在明显的差异，对劳动节约型技术需求的比例最高，达到 60.2%；对增产型技术和现代管理技术的需求相对要弱一些，需求比例分别为 56.7% 和 38.4%。

（2）农业技术及服务供给现状

国内学者从供给对象、供给内容、供给方式以及供给困境等方面对农业技术及服务供给现状展开了丰富的研究。

一是供给对象不断分异。随着种植大户、家庭农场等经营主体不断发展，农业技术及服务供给重点也不断向这些主体倾斜，现有基层农技推广部门，其供给对象、供给项目以及供给渠道都重点集中于新型农业经营主体，从而忽视了小规模农户的供给，使得这部分农户在农业技术供给中的地位不断被边缘化（孙新华，2017）。有学者通过实地调研发现，农技推广机构的技术供给对象主要为合作社、家庭农场或大户以及普通小农户，供给比例分别为63.91%、16.54%和18.05%，说明基层农技推广机构的供给对象以专业合作社为主（董杰等，2017）。

二是供给主体多元化发展趋势明显，公益性农技推广机构在农技服务供给中仍占据主导地位，发挥着引领作用。我国农业技术和服务供给组织呈现多元化发展趋势，多主体共同发展，不仅包括政府公益性供给组织、高等农业院校和科研院所供给组织，还包括社会营利性供给组织。公益性农技服务是提高农业技术水平和进行农业现代化建设的重要保障，在农技推广和服务中仍然占据主导地位（黄玉银、王凯，2015）。公共农技服务渠道成为农户农技服务信息获取的主要来源（陈强强等，2015）。此外，也有研究表明政府部门难以代替市场发挥作用，要弥补政府组织的不足，可以有两种解决途径，一方面可以鼓励非政府组织积极参与到农技服务供给队伍中来，与政府部门通力合作；另一方面可以通过政府扶持和引导社会其他组织来提供服务，从而提高农技服务的有效性（Smith，1997；William，1996）。目前，仍然以政府农技推广机构为主，合作社、企业等非政府农技服务供给组织的作用逐渐突显，这一结论在相关学者的研究中得到了证实。例如，苑鹏等（2008）研究认为龙头企业在我国农业科技创新与推广中发挥了重要的作用，龙头企业能够很好地与其他推广组织进行合作，充分利用科研资源，并且能更好地实现科技创新成果的应用。石绍宾（2009）认为与农技推广机构"自上而下"的推广体制相比，"自下而上"的农民专业合作社农技服务供给组织的供给更为有效，这种供给组织与农户接触更为频繁，能够及时了解和发现农户需求，使需求反馈更为及时，供给决策也相对民主和公平。丁楠和周明海（2010）则重点分析了科技非政府组织在农业科技服务中的作用，例如农村专业技术协会是属于科技非政府组织，研究认为非政府组织通过提供农技服务，能更好地满足农户单一性或者多样化的农技服务需求，并能通过社会教育弥补学校教育不足，培育高素质农民。李俏和李久维（2015）则重点分析了"意见领袖"在农技推广服务中的作用，"意见领袖"因其所具有的资源禀赋和社会关系网络能够发挥其在农技推广机构与普通农户之间的桥梁作用，并认为拥有不同资源的"意见领袖"将会发挥不同的作用，按照资源属性将"意见领袖"划分为经济、技术、政府和文化4种类型，认为这4类"意见领袖"将分别在销售服务、技术指导示范、组织引导、信誉担保等方面发挥作用。国外学者Roseboom等（2006）分析在拉丁美洲出现了由于权力下放，使得非政府组织、农民合作社等组织不断发展，这些组织的不断发展对农业技术推广体系的改革具有重要意义。

三是不同供给组织的供给内容、方式、重点各具特点。不同科研机构的农业技术供给内容与供给方式具有不同的特点，以基层农技推广部门为主的推广组织重点供给以公益性为主的常规性技术和服务，并且以依靠技术培训和项目带动形式来开展技术推广。对于高校和科研院所而言，其供给技术主要以研发高新技术为主，并提供一些半公益性或营利性技术，其推广方式则以成果转化为主，例如，以技术入股或者转让的形式进行技术成果的转化。对于私人企业而言，其供给技术则主要以营利性技术为主，并更注重售后服务（张社梅等，2016）。汪发元和刘在洲（2015）则重点分析了不同供给组织的供给重点，研究发现，政府公益性供给组织其供给重点主要为区域性技术推广、动植物检疫、病虫防治、农产品质量监控；以市场为导向的社会营利性组织，则重点以农业生产资料为依托和纽带，进行新理念、技术及模式的推广和运用；对于高等科研院所而言，则重点在于新品种、新技术的创新，并开展实验和示范。

四是农业技术与服务供给存在多重困境。目前我国农业技术供给状况不容乐观，供给效率较为低下，其主要有以下几方面的困境：一方面，从体制机制来看，主要存在供给总量与需求主体的需求不一致，职能定位也难以满足农户需求，并且基层推广组织多元化与角色定位具有不确定性，供给能力的提升与农业发展的步伐难以契合等因素都阻碍了我国农业技术服务供给水平的提升（王琳瑛等，2016）。另一方面，从推广人员敬业精神来看，存在部分农技推广人员缺乏足够的职业自信心、敬业精神，并且依然存在小农偏见的思想，受限于推广体制的限制，追求工资外收入思想较为强烈，从而出现既不积极工作，也不违法工作的情况，从而导致供给效率低下（谷小勇、张巍巍，2016）。也有研究发现推广人员的职业忠诚度和工作满意度处于一个较高的水平，但是通过进一步分析，依据忠诚内容现实发现，这种超高的忠诚则是一种"消极"的忠诚，阻碍了农业技术推广的效果（杨璐等，2014）。此外，也有学者表明，与农民沟通发现，由于待遇低、难以晋升等特点使得农技推广人员积极性不高，不主动寻求问题的解决办法，也难以做到完全的投入，培养农技推广人员的职业激情将对农业技术推广具有重要的意义（张运胜，2015）。

(3) 农业技术及服务供需匹配状况及障碍因素分析

学界一直认为我国农技推广服务供需不匹配状况一直存在，不仅影响了技术推广效率的提高，也阻碍了我国农业的可持续发展（黄季焜等，2000；扈映、黄祖辉，2006；赵玉姝等，2015）。农技服务供需不匹配状况主要表现在：供给不平衡和供给不契合，"强制性"需求以及需求表达不充分（胡守勇，2014），供给人员不足，专业性的技术推广人员缺乏，并且投入强度缺乏（钱永忠，2001），职能定位不合理等方面（胡瑞法等，2004）；在政府为主导的农技服务体制引导下，农技人员与农技需求者农户之间关系不紧密，缺少利益联系，使得农业科研以学术成果为向导，忽视了农业科研对生产的价值，从而容易忽视成果运用的可行性（朱希刚，2002）；技术创新步伐与农村发展速度之间的配合还不够，机构设置存在弊端、职能交叉重复，难以应对服务的多样化需求，更表现出对农户的农业技术服务需求的低适应性等方面（姜长云，2003；王崇桃等，2005）。

有些学者集中解构了导致农技服务供需不匹配状况的因素，一部分学者将农技服务供需不匹配状况主要归因于推广组织体制机制本身的问题，以及推广的技术与农户实际需求的差距较大等问题。例如，Nagel（1997）分析了单一化推广体制下的政府行为，认为导致农技推广供需失衡的原因主要有以下两个方面，一方面等级和官僚主义在推广部门及推广组织盛行，无法激发组织活力；另一方面是受外部环境的影响，例如经济环境、社会心理环境等，使得技术需求主体难以获得技术，即使不断地增加推广人员，也难以改变供需失衡的局面。黄季焜等（2000）和周曙东等（2003）研究得到较为类似的结论，认为是由于技术研发到技术推广以及技术采用各个环节的目标不一致，使得各个环节主体各自具有自己的目标导向，从而使得技术创新与技术推广和技术需求难以契合。朱希刚（2002）也提出类似的观点，认为农业技术推广部门、农业技术研发部门与技术需求主体之间没有直接的利益联系，农业技术推广部门重视"自上而下"的要求，农业技术研发部门重视科研成果，使得农业技术难以做到实用有效，因此更难以满足农户需求。与此类似，扈映（2006）指出，主要有两个方面的问题，首先是体制不适用现有经济发展，"自上而下"的推广体系与市场经济发展不适应，其次是各个环节中的信息、技术供需脱节，各个环节的效益也难以合理分配和统一。焦源等（2014）通过研究表明，农户实际需求与政府提供的农业技术之间差距较大，政府供给重点与农户的需求重点难以契合，导致农技服务供给效果不佳，需求难以得到满足。赵玉姝等（2015）也得到了类似的结论，发现农户技术需求与服务的契合程度普遍不高，这一现象在不同经营主体之间具有明显的差异，其主要原因是推广途径的问题，"自上而下"的命令式推广，使得农户想要的技术难以得到，政府推广的技术不是农户迫切需要的，不仅影响了推广的效率，也会影响农业生产的积极性。此外，农技服务需求主体采纳的积极性不高，技术信息传递受阻也进一步加剧了农技服务供需不均衡的问题。

另一部分学者认为除了体制机制的原因外，农户需求方面的因素也是影响农技服务等公共产品供需失衡的重要因素。陈涛（2008）认为导致我国农技推广供需失衡的因素主要有两个方面，一方面是由于我国的农业技术推广都是政府主导型，机制缺陷越来越大，机制弊端显露，使得农业科技成果的转化率低，也越容易造成技术产品的供求脱节，供给质量较差。另一方面是由于农业技术的研究者、采用者处于被动从属地位也是导致供需失衡的另一重要因素。张永升等（2011）也从供需两个方面分析了我国农技服务供需状况，研究发现农户对农业技术服务的需求多样而强烈，有着较强的购买意愿，但是农技服务供给质量较差，难以匹配农户需求。孔祥智和楼栋（2012）在梳理我国农技推广体系现状时，发现农户需求多样化农技服务需求与单一的政府农技供给之间的矛盾日益加剧，需求重点与供给重点难以匹配，加上投入资金缺乏、高投入人才缺乏、服务能力较弱以及推广方式较陈旧，进一步加剧了农技推广的供需矛盾。周曙东等（2003）和李容容等（2017）则认为需求主体与供给主体之间信息传递存在问题，使得农技推广部门对农户需求了解不足，导致农户只能被动地接受既定服务，也会影响技术研发、扩散与推广，会影响技术研发主体不能有效获得农民的技术需求信息，难以提高研发成果的针对性和有效性。

（4）改善农业技术及服务供需失衡状况的对策分析

为解决农技服务领域的供需问题，很多学者进行了探索，总结其研究成果，主要改进措施有以下两个方面：

一是需要对现有农技推广机构进行改革，鼓励多元化供给组织发挥作用，以此提高农技服务的供给效率。针对改革现有农技推广机构，Malvicini（1996）研究表明在农技推广机构改革中，通过下放农业推广的权力，不仅能够提高农技服务的相关性，还能提高农技推广机构对农技服务需求主体的响应，有利于改变传统的农技推广模式。Garforth（2001）研究认为，对农技人员进行改革是改革农技推广机制的一个有效办法，要实现农技推广人员能够改变推广方式，采用各种方式与不同农技服务需求者进行沟通，需要培育和拥有更多的多元化、多层次的农技推广服务人员，以此来满足多样化的农技服务需求。此外，也有一些学者从另外的视角寻找了解决方案。朱希刚（2002）从农业科技产业化的视角寻求解决方案，推行农业科技产业化，将有利于从根本上改变农业技术供需不匹配的状况，发挥市场作用，让农业技术通过市场渠道直接进入农业生产领域。石绍宾（2009）基于山东省农户调查，研究发现了农民对政府服务供给的满意度不高，其主要原因是由于农户的农技服务需求并未得到满足，研究进一步表明由农民专业合作社"自下而上"的扁平化农业技术服务模式更为有效，更能满足农户需求，因为这种服务模式能够使农民的农业科技服务需求被及时发现。

二是了解农户需求，完善农户需求表达制度，改善服务的供需匹配度。能否建立起较为完善的农业社会化服务体系，需要根植于农业生产和农民的需要，为助推农业发展和农民发展服务（姜利军，1997）。农业技术推广者的行为方式必须围绕农业技术应用者的需求自下而上开展（简小鹰，2006）。一些学者则从农户需求出发，提出了基于农户需求的改进方案。例如，胡瑞法等（2006）认为改革现有农技推广机制十分必要，改革目标需要重视农户需求，以此为目的调整现有的推广机制，发挥推广体系的作用。陈涛（2008）认为要改善农技推广供需失衡的状况，一方面是要调整现有的供给理念，以农户需求为供给的重点，另一方面是有效传递农户在农业生产中遇到的问题，让农业技术研发和推广机构知晓其需求，才能提供针对性的技术服务，最终才能有效地解决供需矛盾。胡家等（2016）通过分析西北民族地区农民的公共服务供需状况，发现现有供给类型、供给机构难以满足农民的需求，需要以农户需求为导向，合理构建公共服务需求表达机制，将"自上而下"的供给模式逐渐转变成政府引导其他组织参与的供给模式，以此解决供需不匹配问题。

2.3.3 农户需求表达研究

（1）需求表达概念拓展研究

需求表达早期出现在政治学和公共管理学研究中，后来逐渐被应用到各个领域研究。最早对需求表达进行表述的是拉斯维尔，他提出在精英集团中，集团成员可以通过充分表达需求，以诉求利益和权利，从而保证自己的地位（拉斯韦尔，1992）。在此基础上，国内外学者从不同的角度对需求表达概念进行了丰富和发展。在政治学领域，阿尔蒙德认为需求表达是政治过程的开端，需求经过转换产生公共政策（阿尔蒙德，2007）。卡罗尔·佩特曼则从公民参与需求表达的方式以及参与途径等方面展开了分析，并强调了在需求表达中，公民参与的重要性，并表明需求表达不仅在实现公民利益方面发挥作用，还在提升公民责任感方面起到了重要的作用（卡罗尔·佩特曼，2012）。在公共服务领域，有学者认为对需求表达进行界定，主要是指公民通过直接或间接的渠道和方式向提供公共服务的政府部门提出自己的需求，以期得到回应，实现其既定需求的过程（郝艳伟，2011；商丽，2012）。也有学者从农民权利的视角进行了界定，为保障农民能自由表达自己的需求，对表达渠道进行制度化规范，使得农户能够在制度约束下开展需求表达活动，以保证农户的需求诉求得到反馈（宋琴，2014）。有学者从农业技术需求视角，对农业技术需求表达进行了定义，认为农业技术需求表达主要指农户根据实际农业生产活动中遇到的农业技术难题和疑惑，向农业技术推广主体进行技术咨询和反映自己的技术需求，以期得到回应（李容容等，2017）。

（2）农户需求表达现状

现有关于农户需求表达的研究主要集中在两个研究领域即农村公共物品和公共服务领域。有较多的学者逐渐认识到了需求表达制度在公共服务领域的重要性，并围绕重要性进行阐述。我国农村公共物品和公共服务供给效率低下，其主要原因在于农民缺乏自己的利益偏好表达，难以让公共服务供给主体了解自己的需求，构建农民公共物品需求表达机制，是农民对农村公共物品进行公共选择的前提，有利于促使农民树立公民意识，并积极参与其中（王春娟，2012）。赵元吉（2015）通过分析农村公共体育服务领域的需求表达问题，研究认为需求表达制度以及有效问责制度是公共体育服务制度体系建设的核心和关键。

　　一些学者分析了农户公共物品需求表达不足的具体表现，其表现形式各有其特点：卜伟伟（2010）将农村公共物品的需求表达进行了分类，需求表达可以划分为制度化和非制度化两种表达类型，需求表达不足的表现形式较多，也很复杂，具体体现在表达无门、表达无力以及表达无效 3 个方面。涂圣伟（2010）研究表明我国大多数农民对于公共物品的表达基本处于"主动接触抑制"状态，农民通过采取主动形式来表达自己需求的行为还比较少。与农村公共物品需求表达现状类似，以上是农村公共服务的需求中较为普遍的问题。当前农村公共文化服务需求表达主要存在需求表达主体客体缺位；表达内容失真，表达渠道不畅，表达时间长，效率低（陈文娟，2011）。在公共服务领域，依然存在一些问题，例如表达方式相对单一，缺乏多样性，表达能力不足，难以有效地表达自己的需求（刘书明，2016）。此外需求表达还呈现出无表达、被动表达、表达无效、表达不充分和制度外表达问题，加剧了需求表达问题解决的难度（邓念国、翁胜杨，2012）。农民主体地位的边缘化，使得其在决策中难以发挥作用，并且需求表达的重点内容、表达优先顺序与供给的重点内容和供给优先顺序之间存在较大差异，难以契合，农民需求表达呈现出精英化趋势，表达渠道也以制度化为主，使得农村自治的文化需求表达不断多样化（孙浩、朱宜放，2012）。

（3）农户需求表达的影响因素

　　一些学者集中探讨了影响我国农户公共物品和公共服务需求表达的因素，主要包括体制机制和表达对象两个方面。其主要障碍因素有：

　　一方面，从体制机制等外部环境探讨了农户需求表达的影响因素。农村公共物品供给依然是"自上而下"的单项供给模式，使得现有公共物品的供给不重视农户需求，不以农户真实需求为基础，并且对于制度化的表达渠道也较为缺乏（王春娟，2012）。孙浩和朱宜放（2012）分析影响农户需求表达的关键因素，主要存在 4 个方面的原因，一是将单个的农户需求上升为集体需求比较困难；二是在决策过程中缺少科学的投票机制，难以保证投票的公正客观性；三是会受到前置意识形态的影响；四是需求表达主体数量较多，表达信息较为分散。我国农村公共物品需求表达不足，一方面主要受供给模式的影响，在传统模式下，政府对农民公共物品的实际需求考虑不足，或者是缺乏考虑，供给被动，供给主体和需求主体之间的沟通不足（黄洪，2010）。另一方面，从体制内出发，基层组织权力膨胀，公共物品需求表达渠道不畅，基层公共物品供给部门对公共物品需求表达不重视，也不关心，使得需求表达难上加难（任勤，2007）。此外，公共物品的供给缺位（刘银国，2008），农民的理性无知，制度因素导致的表达渠道不畅（邓念国、翁胜杨，2012）等也是导致农户公共物品需求表达不足的重要因素。涂圣伟（2010）阐述了在农民主动性接触行为条件下，农民需求表达如何提升公共物品供给效率，进一步分析了影响农民主动性接触行为的关键影响因素，研究发现，农民主动接触行为受多个因素的影响，主要包括政治效能感和利益相关性。石戈（2009）研究发现，一方面，农户弱势群体地位约束了农户需求的表达，另一方面，公共物品的决策机制公平性较为缺乏，民主机制也较为缺乏，决策目标不以满足农户需求为主，而是以政绩为主，使得需求表达障碍重重。

另一方面，从需求表达主体视角分析影响需求表达的因素，研究取得了较为丰富的成果。任勤（2007）认为农户自身需求表达意识淡薄，使得需求表达困难重重。赵子良（2005）和汪志芳（2006）研究表明农户缺乏表达公共物品需求信息的主观意识，也缺乏表达需求信息的组织，从而影响农户需求表达行为和表达效果。与此类似，陈莹（2012）的研究也认为农户主动性不够，不能主动吐露自己的内在需求，并且有效表述方面的能力也比较欠缺，加上需求表达的组织化程度较低等，使得公共物品需求表达困难重重，难以让供给主体了解农户需求。李容容等（2017）研究发现户主性别、务农年限，以及技术需求偏向、从众心理、农业技术重要性认知、技术需求表达容易程度和表达成本认知等多个因素影响农户的需求表达行为。黄冠豪（2017）分析了公共物品的需求表达状况，研究发现，在受访居民中，有表达意愿的农户占比较少，更缺乏采取需求表达行动的动力，其主要原因是由于成本收益不匹配、信息沟通渠道缺失导致的信息不对称，居民表达能力不足，居民对获得的渠道信息的认可度较低。

（4）改善农户需求表达状况的对策分析

学界围绕需求表达制度改进和完善进行了探索，具体研究如下：

一是从需求表达主体出发提出了一些对策建议。培育表达主体、提高表达主体的表达能力、完善表达渠道、完善决策机制是改善现有农民公共服务需求表达不足的主要措施（邓念国、翁胜杨，2012）。谈智武等（2011）提出了培养农民公民意识、建立需求显真机制、发展农民自发组成的关系群体等建设措施改善农村体育公共物品需求表达缺失的状况。刘银国（2008）表示，可以由农村"精英"通过了解农户的需求，对迫切需求的公共服务和公共物品提供供给决策建议，从而提高需求表达的效果。

二是从制度保障等方面提出了一些对策建议。为提高农村居民公共文化服务供给的有效性，需求调研显得尤为重要，任和（2016）不仅分析了需求内容，还对供给时间等内容展开了分析，并提出尝试拓展的渠道方式：一个是通过基层干部反映途径；另一个是构建公共平台，通过网络服务平台，让农户可以通过网络平台表达自己的需求。梁金辉等（2016）则通过分析公共体育服务供需状况，认为以满意度和需求度相结合展开评价是较好的一种方法，能够有效解决现有单一因素开展评价的做法，并且该做法可以较好地评价公共服务的供给绩效，还能在一定程度上将需求方和供给方结合起来，改善供需匹配矛盾。官永彬（2008）和李春林（2007）在分析农村公共物品供给的基础上，根据农户需求选择偏好设计需求表达机制，以促进农户需求被识别，依据农户需求进行供给决策是解决我国农村公共物品供给困境的最优选择。岳公正（2007）则从社会保障体制的视角出发，认为政府行为抑制了需求主体的偏好表达，而推进社会保障听证制度建设将会有利于政府与居民、企业等其他主体进行有效沟通，从而提高制度的供给效率。谈智武等（2011）则提出通过创建大众平台，完善乡镇人大代表制度和村民委员会制度，让这些主体发挥作用，反映农民的利益和心声，通过发展农村经济，明确公共物品供给中各个主体的权责，并建立瞄准农户需求的对接机制来改善农村体育公共物品需求表达不足的状况。

2.3.4　农户需求表达与农技服务供需关系研究

关于农户需求表达与供需均衡之间的关系，多集中在探讨农村公共物品和公共服务的需求表达与供需失衡的关系上达成了较为一致的认识，即认为农户需求表达存在较多需要重点解决的问题，是导致农村公共物品和公共服务的供需失衡的重要原因（任勤，2007；刘卫、谭宁，2008；刘宏凯、解西伟，2010；孙浩、朱宜放，2012；毕颖华，2016）。

在农村公共物品领域，一些学者已经关注到了农户需求表达与供需矛盾之间的广泛联系。在公共物品领域，导致农村公共物品结构失调、供给效率低下的重要原因是由于农户公共物品需求偏好难以显示，表达机制缺乏，加上并未有效考虑农户需求单一的决策主体，以及传统的"自上而下"的决策流程使得供需矛盾日益突出（任勤，2007）。刘成玉和马爽（2012）认为农村公共物品供给公平与效率的基本前提是满足农民需求，如何实现以上目标，主要取决于两个方面的因素，一是农民的需求能否充分通畅地表达出来，让供给主体了解自己的需求。二是政府供给决策中是否以农民的需求意愿为依据，开展产品供给。

在农村公共服务领域，一些学者对农户需求表达与供需矛盾之间的关系也展开了丰富的研究。在我国农村地区，公共服务的供给主要存在两个方面的问题，一是服务数量的整体供给不足；二是错位供给，供给内容与需求内容难以匹配，缺少有效的表达机制，缺少合理健全的需求表达机制是导致以上两个问题突出的主要原因（王蔚、彭庆军，2011）。农村现有公共服务供需矛盾依然存在，问题并未得到有效解决，"自上而下"的供给机制长期存在，有着根深蒂固的影响，并且使得需求主体农户缺少需求表达的机会、权利和能力（李进，2011）。刘若实（2014）则认为农户需求表达意识不足，精英代表流失，以及内部利益组织尚未健全，加上渠道的不畅通，使得供给主体与需求之间缺乏有效的沟通机制，导致公共服务供需矛盾突出。在此基础上一些学者也开始探究农业技术需求表达与农业技术供需失衡之间的关系，但农业技术与农业技术供给主体之间的沟通路径还未完全疏通，阻碍了有效信息的传递，这将会带来不利影响：一方面不了解农户需求，会影响新技术的推广和应用；另一方面科研主体也难以把握需求主体的需求，难以开展针对性的技术研发工作，最后会影响农业科研成果的实用性和有效性（周曙东等，2003；郑明高、芦千文，2011）。

2.3.5 文献述评

（1）现有研究关于公益性农技服务供需错位的影响因素探讨中，对农户需求表达（信息传递）的认识还不足，并未从农户需求表达视角展开研究

众多研究多从农户需求与服务供给两个方面探讨影响农技服务供需错位的因素：在供给方面，重点分析了体制机制对农技服务供需矛盾的影响，并寻求解决之道，但是困难重重，并未取得有效进展。在需求方面，一些学者也表明了农户需求的重要性，但是对农户需求信息的传递问题还未引起足够重视。要解决公益性农技服务供需不匹配问题，农技服务需求主体和供给主体之间能够进行有效沟通则显得尤为重要。因此，农户需求表达在解决公益性农技服务供需矛盾中是否发挥重要作用，是本研究需要进一步检验的问题。

（2）现有研究多呼吁从农户需求的视角解决公益性农技服务供需不匹配问题，多以农户需求意愿为基础展开分析，忽视了农户需求有效性和需求的显示度问题

在寻求改善农技服务供需状况的研究中，现有研究多呼吁要以农户需求为基础，来调整农技服务结构，满足需求主体的需求，实现有效供给。但是现有关于农户需求的研究，多数主要探寻了农户需求意愿，忽视了对农户需求显示度的考查。农户需求的隐性化，会使得公益性农技服务供给组织难以把握有效的农户需求，因此了解农户有效需求则是进行公益性农技服务有效供给的重要前提。因此，如何更好地识别农户需求，保证农户需求的有效性是本研究迫切需要解决的问题之一。

（3）已有研究表明农户需求表达对公益性农技服务供需状况具有重要的影响，多停留在定性分析，不仅缺乏实证检验，也并未对影响机理展开深入分析

现有关于农户需求表达的研究多集中于公共物品和公共服务，针对农技推广领域的农户需求表达的关注还比较少，更缺乏从农户需求表达的视角来分析解决公益性农技服务供需不匹配问题。虽然也有部分学者在解决农技服务需求不匹配问题的研究中，已经意识到了农户需求表达有利于改善农技服务的供需矛盾，但是现有研究都停留在定性分析，并未对这一结论进行深入的理论探讨和可靠的实证检验。那么需求表达如何影响公益性农技服务的供需状况？影响机理是什么？影响路径如何？都是值得深入探讨的问题。

2.4　公益性农技服务政策演进

在推动现代农业发展过程中，农技服务建设工作一直居于重要的位置。随着相关政策制度不断完善，以及国家政府部门对农技推广工作给予了足够的重视，使得我国农业技术服务推广工作取得了较大的成就。各级政府都制定了不同的政策来推进我国农业技术推广工作的开展，使得我国农业科技政策类型繁多，难以将所有的政策纳入研究中，为较好把握政策导向，本研究集中分析历年的中央1号文件中涉及农业技术推广以及农技服务相关内容的政策文本，以此来把握国家的政策导向和政策演进规律。其主要原因是中央1号文件对于农业发展具有重要的意义，在政府工作和农业发展中具有指导性的地位，能够较为清晰地洞悉政府的工作重心和工作重点。本研究依据农业发展阶段以及不同阶段政策重点的差异，将分阶段对政策文件进行整理和回顾：

（1）20世纪80年代，农业技术推广起步和丰富阶段

通过对20世纪80年代我国农业技术推广及农技服务政策内容进行分析（表2-1）。1982年中央1号文件对农技推广机构建设和恢复工作做出了明确要求。1983年和1984年中央1号文件进一步对农业技术推广机构的服务职能进行了扩展。1985年中央1号文件对科研单位、大专院校等科研推广单位职能进行了界定，并逐步完善农业推广体系。可以看出，在此期间的中央1号文件，重点强调农技推广体系的建设，并对服务职能进行了更加清晰地界定。

表2-1　20世纪80年代中央1号文件的政策重点

时间	政策重点内容
1982年	重点加强农业技术推广机构的恢复和建设工作，将具有不同农业技术推广职能的农业技术机构进行整合，做好技术的应用工作

（续）

时间	政策重点内容
1983 年	建立与健全农技推广体系，并进一步培养农村建设人才，建立人才教育体系，强调将农业科研、技术推广、教育培训等组织起来，为农业发展提供农技服务
1984 年	建立较为完备的商品生产服务体系，做好技术、资金、供销等服务供给工作，以此来保障商品生产服务体系发挥作用
1985 年	鼓励科研推广单位、大专院校及城市企业积极承担技术服务责任，可以承担技术需求主体委托的研究项目，承担科研成果的转化，并在技术咨询等方面提供支持，或者与商品基地及其他农村生产单位建立合作机制
1986 年	对各级农业科研和教育组织，对提供技术指导和经营管理服务组织进行不断完善，并调整农业科研机构的工作重点和方向，完善农业技术推广中心职能。对技术需求主体为主的农民，服务供给应该以无偿或低偿为主

（2）20 世纪 90 年代至 21 世纪初期，农业技术推广服务处于长足发展阶段

农业技术推广工作经历了前期的发展，在 20 世纪 90 年代至 21 世纪初期，国家政策导向重点改革农技推广机构工作，对服务机制进行完善和改进。由于受国家大环境的影响，在 2004 年的中央 1 号文件中，提出通过深化农业技术推广体制改革，加强农业技术推广研发和推广，鼓励多元服务组织发展，积极开展农技推广工作。2005 年中央 1 号文件重点界定了公益性农技服务推广机构的公益性职能，并明确了具体的服务职能。2006 年和 2007 年中央 1 号文件对公益性职能与经营性职能进行了区别，并强调对公益性职能进行重点支持。2008—2012 年中央 1 号文件重点对承担公益性农技推广服务职能的机构和组织的职能进行了规定，鼓励组织发展的多元化。由此可见，这个阶段，政府的政策重点在于丰富和完善服务组织（表 2-2）。

表 2-2　20 世纪 90 年代至 21 世纪初期中央 1 号文件的政策重点

时间	政策重点内容
2004 年	加强农业科研和技术推广，深化农业科技推广体制改革，加快不同类型的农技推广组织共同发展，积极发挥营利性组织在农业科技推广中的作用，建立具有针对性和专业性的农技推广服务组织
2005 年	要加快改革农业技术推广体系，发挥体系的作用，对国家的公益性农技推广机构的公益性服务职能进行了明确界定、丰富和完善
2006 年	对农技推广体系进行改革，探索针对性的管理办法，加强对公益性与经营性服务的管理，加强对社会化服务机制的完善
2007 年	进一步完善公益性农技服务推广体系，加大保障公益性职能发挥的投入，提高推广人员素质，改善其推广的环境和条件

（续）

时间	政策重点内容
2008 年	增加农业科研投入，重点支持公益性研发机构，并支持重点性和前沿性研究。加强政策支持，重点对公益性农技推广服务的支持，保证其公益性职能的发挥
2009 年	采取委托、招标等形式，引导农民协会等组织参与到公益性农技推广的队伍中来。加强基层农业公共服务机构建设和发展，做好政策保障和投入保障，以此来发挥公益性推广机构的职责，切实增强服务能力
2010 年	抓紧建设乡镇或区域性农技推广等公共服务机构，并对基层农技推广体系改革，强调要鼓励发展多元化服务组织，为农技服务需求主体提供服务支持

（3）2012 年至今，以完善和健全服务体系为主，提倡创新服务方式

2012 年第十一届全国人大常委会第 28 次会议通过了对农技推广法的修订案，对我国农技推广提出了新的要求，也推动农技推广工作进入了新的发展时期。2012 年中央 1 号文件提出强化公益性农技推广服务工作，明确了公益性服务机构的职能定位，鼓励其他服务组织不断发展。2013 年和 2014 年中央 1号文件对农技推广的方向进行了界定，为组织协调发展、服务模式创新发展指明了方向。2015 年和 2016 年中央 1 号文件重点从保障机制方面提出了一些要求，保证公益性农技推广机构职能的发挥。2017 年中央 1 号文件强调要创新推广方式，继续鼓励农技服务推广组织向多元化方向发展。根据 2012 年以来的中央 1 号文件政策内容来看，重点在于完善推广体系，鼓励其他服务机构积极参与农技推广，并做好农技推广组织的保障工作（表 2 - 3）。

表 2 - 3　2012—2017 年中央 1 号文件的政策重点

时间	政策重点内容
2012 年	通过发挥推广机构的作用，增强推广机构的服务能力，推动农业生产和家庭经营方式的转变。健全公共服务机构，促进新型农业社会化服务组织的发展和壮大
2013 年	要坚持主体多元化、服务专业化、运行市场化的方向，加快建设公益性与经营性服务相结合、专项与综合服务相协调的新型农业社会化服务体系
2014 年	健全农业社会化服务体系，重点通过稳定农业公共服务机构，完善在经费保障、绩效考核激励机制方面的政策。大力发展多元化、多样性的服务模式，扩大农业服务的范围
2015 年	强化农业社会化服务，明确指出了重点支持的服务，并重点强调要改善基层农技推广人员工作和生活条件
2016 年	强化现代农业科技创新推广体系建设，为基层农技推广公益性与经营性服务机构提供精准支持，发挥不同性质推广机构的作用，让高等学校和科研院所不仅重视研发，还要承担农技推广工作

（续）

时间	政策重点内容
2017 年	创新公益性农技推广服务方式，推行政府购买服务和项目管理机制，支持社会各个主体参与农技推广工作
2018 年	培育各类专业化市场化服务组织，推进农业生产全程社会化服务，帮助小农户节本增效
2019 年	支持供销、邮政、农业服务公司、农民合作社等开展农技推广、土地托管、代耕代种、统防统治、烘干收储等农业生产性服务
2020 年	抓好重大病虫害防控，推广统防统治、代耕代种、土地托管等服务模式
2021 年	加强农业科技社会化服务体系建设，深入推行科技特派员制度

通过对历年中央 1 号文件的政策内容进行分析，可以对现有农技推广以及农技服务的政策进行较好地把握，能够为从农户需求表达视角寻求农技服务支持政策提供较好的现实基础，为农技服务支持政策设计提供参考和借鉴。

3 分析框架与数据来源

首先，基于研究背景、理论基础以及文献回顾的基础，提出本研究的分析框架，以此说明本文逻辑演进过程。其次，对本研究所需数据的来源进行说明，主要从调研区域选择、数据获取以及样本概况 3 个方面，说明研究区域选择和数据获取的可靠性与真实性，以及对样本状况进行详细阐述，说明本研究的数据基础。

3.1 分析框架

《中共中央关于制定国民经济和社会发展第十三个五年规划的建议》明确提出要加大农业现代化建设，明确了建设方向和目标。由此可见，农业现代化发展具有其紧迫性和必要性，但是却面临着人口老龄化趋势加重、生产成本上升、资源约束等多个方面因素的制约。为破解这些难题，发挥农业科技助推作用显得尤为重要。在我国农业科技推广与发展过程中，推广体系不完善，供给需求错位，现有技术或者服务供给难以满足农户需求。如何有效解决农技服务所面临的问题，实现农技服务供需均衡，对于转变农业生产方式、促进农业可持续发展具有重要的现实意义，对乡村振兴战略的实施更是具有重要战略意义。

现有研究多强调要注重农户需求，农技服务供给必须以了解农技服务需求者的需求为基础，才能实现农技服务的有效供给。农户需求如何能够被农技推广机构有效识别？无非存在两个解决途径：一种是农技服务供给者主动了解农户需求；另一种则是让农户将自己的农技服务需求表达出来，使农技服务供给者能够了解到农户需求。现有研究已经对第一种途径展开了丰富的研究，但成效并不显著。其可能的原因是，公益性农技服务的公益性属性，使得供给主体缺乏了解农户需求的积极性和主动性，加之农户需求主体较为分散，而农技服务供给机构较少，工作人员不足以及经费条件有限进一步增加了农技服务供给组织了解农户需求的难度，最终导致农技服务供给主体难以全面了解农户的需求。对于第二种途径，多停留在强调农户需求重要性，或者强调要发挥需求主体的主动性，但都停留在理论推理层面，未能进行深入的研究。对于公益性农技服务需求的考查，多注重对农户需求意愿的考查，并未考查需求的真实性，更缺乏对需求偏好的显示问题的考查。而需求表达存在着表达成本，在考虑成本因素后能够剔除一些虚假的需求，从而保证需求的有效性，并且需求表达还能够提高农户需求的显示度，使得农户需求能够被供给者识别。因此，在开展研究之前，首先要对农户需求与需求表达的关系进行辨析，以此来阐述本研究从农户需求表达视角开展研究的必要性和可行性。

本研究将从农户需求表达的视角来分析解决农技服务供需不匹配问题，从而搭建起需求主体与供给主体之间的沟通桥梁，以此来提高现有公益性农技服务供给的有效性，推动我国公益性农技服务的推广事业的发展，最终加快我国农业的现代化建设进程。那么，如何来从农户需求表达视角解决公益性农技服务供需矛盾，寻求促进公益性农技服务发展的有效措施？最关键在于如何提高公益性农技服务供给的有效性，使得供给能够与需求主体的需求相契合。首先，厘清需求主体对公益性农技服务的需求重点是实现供给有效性的重要前提。在公益性农技服务供需过程中，农户需求并未考虑支付成本，农户的需求等同于农户需要，是一种意识或意愿，无法反映出需求主体的真实需求，而农户需求表达受表达成本的约束，使得农户需求表达必须以农户真实需求为基础。因此，通过分析农户对各类农技服务需求的表达重点和结构，为调整公益性农技服务的供给重点提供现实基础。其次，改善公益性农技服务供给状况，提高公益性农技服务的可得性是关键。那么能否从农户需求表达的视角展开研究，需要解决以下问题：农户需求表达是否会影响公益性农技服务的可得性？其影响机理如何？影响路径如何？都需要进一步的探讨。因此，本研究从农户需求表达视角探寻公益性农技服务结构优化的方案，并进一步分析了农户需求表达对公益性农技服务可得性的影响，基于上述分析及结论来保证公益性农技服务供给能够尽可能地满足不同农户需求，以此发挥公益性农技服务在农业生产中的作用。最后，进一步分析影响农户需求表达的关键因素，为提高农户需求表达的积极性和完善需求表达机制提供理论基础。

3.2 数据来源

3.2.1 调研区域选择

2017 年中央 1 号文件提出推进农业供给侧结构性改革，在国家粮食安全的目标下，迫切需要提升粮食的生产能力，保障农民持续增收是当前迫切需要关注的问题。如何保障粮食生产能力不降低，农民收入不减少，必须要依靠农业科技。农业科技创新是促进农业可持续发展的助推剂，农业技术推广和技术服务则是传播科技创新成果和促进创新成果转化为实际生产力的重要手段。

水稻作为世界三大粮食作物之一，在保障全球粮食安全中占据极其重要的位置。水稻也是我国三大主粮之一，在我国农业生产中具有举足轻重的地位。国家统计局数据显示，2016 年，我国稻米种植面积达到 3 016.24 万公顷，占全国粮食种植面积的 26.69%，总产量为 2 069.3 万吨，占全国粮食总产量的 33.58%。1996—2016 年我国粮食产量和稻谷产量见图 3-1。水稻产业在我国粮食生产中的作用不容小觑，在保障我国粮食安全过程中发挥着重要的作用。加之水稻分布广泛，以及它不可动摇的地位，使得水稻产业在多数地区成为农技推广的重点产业。

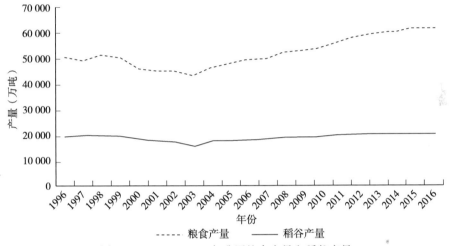

图 3-1　1996—2016 年我国粮食产量和稻谷产量

数据来源：国家统计局网站。

我国水稻种植面积广泛，主要可以分为六大种植区域：第一个区域是华南双季稻稻作区，位于南岭以南，我国最南部，水稻面积占全国的 17.6%。第二个区域是西南高原单双季稻稻作区，主要位于云贵高原和青藏高原，水稻面积占全国的 8%。第三个区域是华中双季稻稻作区，东部从东海开始，南部与南岭相邻，西部到成都平原的西部，北部在秦岭和淮河以南的区域，包含江苏、浙江、湖北等 8 个省份在内的区域，占全国水稻面积的 67%，水稻成片面积位于全国之最。第四个区域是华北单季稻稻作区，以秦岭淮河为界限，在界限的北部，部分区域属于关东平原，主要包括山东、山西、河北等区域，水稻面积仅占全国的 3%。第五个区域是东北早熟单季稻稻作区，其区域在大兴安岭的东部，长城的北面，较大面积位于辽东半岛上的相关省份，水稻面积占全国较小的比例，仅占全国的 3%。最后一个区域是西北干燥区单季稻稻作区，以大兴安岭为界限，主要位于其西面，并且也以长城、祁连山与青藏高原为界限，主要位于其北部的面积。在该区域内主要以平原和盆地的水稻区为主，水稻面积所占比例极小，仅占全国的 0.5%。

根据我国水稻种植区划分布，华中双季稻稻作区的水稻种植面积占全国水稻种植面积的 67%，说明华中水稻主产区在全国水稻种植产业中占据着非常重要的位置，对我国粮食供给和粮食安全战略具有重要作用。因此本研究选取了华中双季稻稻作区作为主要调研区域。华中双季稻稻作区涵盖的省份主要包括中部的湖北、江西、湖南、安徽，东部的江苏、上海、浙江，西部的四川。

从水稻种植的区域条件及区域地位进行分析，湖南和湖北的水稻种植在华中双季稻稻作区具有一定的代表性。2016 年，8 个省份的水稻种植面积达到 1 699.657 万公顷，其中湖南的种植面积达到 408.55 万公顷，占比达到 24.04%，位居区域第一，湖北的种植面积达到 213.097 万公顷，占比为 12.54%，位居区域第五，湖南和湖北两省种植面积之和占华中双季稻稻作区种植面积的 36.57%，两省水稻种植在华中双季稻稻作区占据重要的位置。从区域地位出发，选择湖南和湖北两省作为调研区域具有一定的代表性。

从经济发展和农技推广情况出发，选取湖南、湖北两省作为研究区域，主要是基于以下两个方面的考虑：一方面，两省的经济发展条件较为相似，可以减少由于经济发展差异带来的研究偏差。湖南和湖北经济发展条件较为一致，水稻的种植条件以及文化风俗习惯也较为一致。此外，根据国家统计局数据，2016 年，湖北省粮食产量为 2 554.1 万吨，全国排名第十一位，湖南省粮食产量为 2 953.1 万吨，全国排名第九位，由此可见两个地区粮食生产在全国的地位也较为相似，可以在一定程度上减少外部环境所带来的研究偏差。另一方面，本研究主要考察水稻产业的农业技术服务，因此，需要考虑农业技术推广的现实情况。两省的农业技术推广体系存在较大的差异，既有传统的"自上而下"的农技推广体制，也包括"以钱养事"的农业技术推广体制，这不仅有利于进行比较研究，还能体现研究的全面性。因此，本研究选择湖南和湖北两省作为主要的研究区域，不仅具有一定的代表性，也具有典型性。

3.2.2 数据获取

本章研究数据来自课题组 2017 年 7—8 月在湖南省常德和衡阳市、湖北省黄冈和荆州市开展以水稻种植户为主的公益性农业技术服务供给和需求方面的调查。调研内容主要包括基本概况、公益性农业技术服务需求、农户对公益性农技服务认知及需求表达情况、公益性与营利性农技服务供给情况、农技服务的服务特性等。课题组调研员主要为在校的硕士和博士研究生，在正式调研活动开展前，开展预调研，对现阶段农技服务供需情况进行了解，并了解农户的公益性农技服务的供给和需求状况，对问卷进行了进一步地修改和完善。与此同时，课题组成员对所有调研员进行了培训，重点讲解各个问项主要考察的重点，并解决调研员存在的一些疑惑和难题，保证调研员在调研过程中公正客观地询问和记录问项答案。在调研中，主要采取面对面、一问一答的形式进行。为保证调研对象对农业生产情况足够熟悉，本研究调研对象主要以家庭户主为主。此次调研共发放调研问卷 650 份，调研尽量在分层抽样原则的指导下进行，针对农户不在家的情况，主要是采用周边农户样本进行替换，收回有效问卷 631 份，剔除主要问项回答不完整、回答项前后矛盾的问卷，获得本研究适用样本 618 个（表 3-1）。其中湖北省黄冈市武穴市获取调研样本 166 个，湖北省荆州市沙市区获取调研样本 119 个，在湖南省常德市津市获取调研样本 157 个，湖南省衡阳市祁东县获取调研样本 176 户。本章依据不同区域种植大户的发展情况，并咨询当地农业部门主要负责人，确定调查区域种植大户的标准为种植面积为 3.33 公顷（50 亩*）以上的农户。

表 3-1　调研样本区域分布情况

省份	被调查地级市	被调查县级/市级	问卷量
湖北	黄冈市	武穴市	166
	荆州市	沙市区	119
湖南	常德市	津市	157
	衡阳市	祁东县	176
合计			618

注：根据调研问卷整理所得。

3.2.3　样本概述

（1）户主个体特征分析

本部分将对受访农户户主的个体特征进行统计性描述，主要从户主年龄、务农年限、受教育年限以及是否有其他身份 4 个方面对被调查农户的个体特征进行描述，具体见表 3-2。

样本农户户主的年龄分布情况。根据统计结果，户主年龄主要集中在 41～60 岁区间，占样本总数的 66.99%，60 岁以上户主也占较大比例，占样本总数的 22.33%。具体而言，以 51～60 岁的样本农户最多，占总数的 39.64%，其次为 41～50 岁的样本农户，占总数的 27.35%。从其他年龄段的分布情况来看，31 岁以下的户主占比最少，仅有 2.10%，此外，年龄处于 31～40 岁的户主也较少，占比为 8.58%，说明在样本农户中，农户的年龄依然以中老年为主，年轻的农户比例较少。

---

* 亩为非法定计量单位，1 亩＝1/15 公顷。

户主的务农年限分布情况。通过对户主务农年限进行统计，发现样本农户中，以种植经验丰富、种植年限为 20 年以上的农户为主，占比达到 69.90%。也可以看出，务农年限在 5 年及以下的样本农户有 70 个，占样本总数的11.33%，说明有其他行业的社会群体开始转向农业行业。

在受教育年限方面，户主的受教育水平多以初中教育水平为主，初中及以下教育水平的农户仍然占据较大的比例。具体而言，受教育 7~9 年的农户数量最多，占样本总数的 50.97%，其次为 6 年及以下，占样本总数的 32.85%，而受教育 10 年及以上的农户仅占样本总数的 16.18%，由此可见，农户群体的受教育水平仍然存在较大的提升空间。

表 3-2　户主个体特征

项目	类别	样本量（个）	百分比（%）
年龄	31 岁以下	13	2.10
	31~40 岁	53	8.58
	41~50 岁	169	27.35
	51~60 岁	245	39.64
	60 岁以上	138	22.33
	合计	618	100.00
务农年限	5 年及以下	70	11.33
	6~10 年	50	8.09
	11~15 年	17	2.75
	16~20 年	49	7.93
	20 年以上	432	69.90
	合计	618	100.00
受教育年限	6 年以下	203	32.85
	7~9 年	315	50.97
	10~12 年	87	14.08
	13~15 年	5	0.81
	15 年以上	8	1.29
	总计	618	100.00
是否具有其他身份	是	476	77.02
	否	142	22.98
	总计	618	100.00

注：根据调研问卷整理所得。

通过考查样本农户是否有过担任村干部经历、党员、人大代表或者公务员等身份，选择"是"的农户样本数为 476 个，占比为 77.02%，说明多数户主都有一些务农以外的经历，这在一定程度上反映出这部分农户在农技服务需求表达上有更多的社会资源。

根据以上分析可见，样本农户户主年龄主要处于中年及以上，有丰富的务农经验，受教育程度以初中为主，多具有干部、党员等身份。

（2）样本农户的生产经营特征

本部分将对被调查者的生产经营特征展开分析，主要从种植面积、家庭收入状况以及家庭农业劳动力数量 3 个方面对被调查农户的个体特征进行描述，具体见表 3-3。

表 3-3 样本农户生产经营特征

项目	类别	样本量（个）	百分比（%）
种植面积	25 亩以下	274	44.34
	25~50 亩	83	13.43
	50~75 亩	36	5.83
	75~100 亩	37	5.98
	100 亩以上	188	30.42
	合计	618	100.00
家庭收入状况	5 万元以下	224	36.25
	5 万~10 万元	139	22.49
	10 万~15 万元	54	8.74
	15 万元以上	201	32.52
	合计	618	100.00
家庭农业劳动力数量	2 个及以下	539	87.21
	3~5 个	76	12.30
	6 个及以上	3	0.49
	总计	618	100.00

注：①根据调研问卷整理所得。
②表中"种植面积""家庭收入状况"中各类别包含下限，不包含上限。

在种植面积方面，样本农户种植面积呈现出"两极分化"现象，种植面积为 25 亩以下的农户和 100 亩以上的农户占比最多，分别占样本总数的 44.34%、30.42%，而在 25~100 亩之间的农户仅占样本总数的 25.24%。

在家庭收入方面，与种植面积的分布基本类似，这在一定程度上对问卷有效性进行了再次验证，种植面积越大，农业收入也应越高。具体而言，家庭收入为 5 万元以下和 15 万元以上，各占样本总数的 36.25%、32.52%，接着是在 5 万~10 万元的农户家庭，占样本总数的 22.49%，家庭收入为 10 万~15 万元的农户占样本农户的 8.74%。

在家庭农业劳动力数量方面，样本农户家庭农业劳动力数量较少，多数家庭农业劳动力数量为 1~2 个。根据统计结果，家庭农业劳动力数量为 2 个及以下的家庭占总样本农户的绝大多数，占比为 87.21%。家庭农业劳动力数量为 3~5 个的样本家庭只有 76 个，占样本总数的 12.30%，家庭农业劳动力数量为 6 个及以上的家庭数量仅为 3 个，占比为 0.49%。由此可见，受访样本家庭中农业劳动力数量较少，也印证了农村人口不愿意从事农业生产劳动。

4 农户需求与需求表达的关系辨析

厘清农户需求与农户需求表达之间的联系与区别，是开展本研究的前提条件。只有厘清了两者的关系，才能更好地理解农户需求表达在公益性农技服务供需中的重要作用。本章节首先对农户需求的内涵与现状进行了分析，以了解农户需求表达的特点。其次，对农户需求表达要素和表达偏好进行分析，以更好地厘清需求表达特征。最后，对需求表达与农户需求之间的联系进行阐述，以此来表明本研究选择从需求表达视角来分析公益性农技服务供需矛盾问题的必要性和可行性。

4.1 农户需求的内涵与现状分析

4.1.1 公益性农技服务需求的内涵与外延

需求属于经济学范畴，其基本概念为在其他条件不变的情形下，消费者在面对既定价格时，并在自愿的条件下，且有能力获得的商品数量。需求主要包含两层意思，一层是要有需求意愿，另一层是具备支付能力。一般来说，农户需求受到多个方面因素的影响，目前关注的重点主要包括需求主体的收入水平、需求偏好、产品价格、产业结构和产品结构。其中，收入水平和产品价格主要影响需求主体的支付能力，产业结构和产品结构则主要影响需求主体的需求意愿。与通常的"需要"相比，需求更加注重支付能力，而需要则主要是一种意识的反映，体现人们对某种目标的追求和渴望（张乐宁等，1986）。严格意义上的需求则是需要考虑成本的，但是对于公益性农技服务而言，这类农技服务需求的供给是无偿的，则从服务公益性属性出发，需求主体对于这类服务产品的支付能力都是具备的，在分析公益性农技服务的需求问题时，其支付能力可以忽略不计，因此本研究在考查农户需求的时候主要以考查需求主体的需求意愿为主。

4.1.2 公益性农技服务需求现状分析

（1）样本农户对不同类型公益性农技服务的需求状况

根据前文对公益性农技服务的概念界定，本研究重点考察的农业技术服务主要包括新品种技术示范、高产高效技术示范、病虫测报、病虫防治、农药残留检测、重金属污染检测、土肥检测、安全用药检测、种子质检、农机质检、农业技术政策宣传、农业技术培训、防汛抗旱、水资源管理服务和农田水利设施建设服务。本研究主要从3个方面分析公益性农技服务的需求现状。

首先，从样本农户对公益性农技服务需求表达出发，分别对每一类公益性农业技术服务的显性需求状况进行了统计（表4-1）。从表中可知，受访农户对病虫测报、病虫防治的需求最为迫切，分别有93.04%和94.66%的农户需要这两项服务。其次，农户对新品种技术、土肥检测、政策宣传、技术培训以及农田水利建设服务的需求比例也较高，在受访农户中，均有超过80%的农户认为自己需要这些农技服务。需求比例相对较高的还有新品种技术示范、安全用药检测、防汛抗旱以及水资源管理服务，需要的农户占比分别为83.33%、68.93%、74.43%、75.40%。此外，从表中也发现绝大多数农户对农药残留、重金属污染检测、种子质检、农机质检服务的需求比例较低，只有39.64%、33.50%、55.83%以及39.32%的农户需要这些技术服务，大多数人则认为不需要这些技术服务。由此可见，农户最需要的是病虫测报和病虫防治的农技服务，这两项农技服务对于农户农业生产具有重要的意义。农户对农药残留检测服务、重金属检测服务、农机质检服务以及种子质检服务的需求较少，一方面可以说明农户生产中遇到的这些问题较少，另一方面也说明农户在农业生产中关注的重点依然在于产量，对于产品质量的关注还相对较少。

表4-1 样本农户对公益性农技服务的需求状况

服务类型	新品种技术	高产高效技术	病虫测报	病虫防治	农药残留	重金属污染	土肥检测	安全用药	种子质检	农机质检	政策宣传	技术培训	防汛抗旱	水资源管理	农田水利建设
需要（户）	515	456	575	585	245	207	515	426	345	243	509	532	460	466	499
比例（%）	83.33	73.79	93.04	94.66	39.64	33.50	83.33	68.93	55.83	39.32	82.36	86.08	74.43	75.40	80.74
不需要（户）	103	161	42	32	371	409	103	189	271	373	105	82	156	150	117
比例（%）	16.67	26.05	6.80	5.18	60.03	66.18	83.33	30.58	43.85	60.36	16.99	13.27	25.24	24.27	18.93
合计（户）	618	618	618	618	618	618	618	618	618	618	618	618	618	618	618
比例（%）	100	100	100	100	100	100	100	100	100	100	100	100	100	100	100

注：根据调研问卷整理所得，由于受篇幅的影响，对部分农技服务名称进行了缩减。

（2）不同种植规模稻农对公益性农技服务的需求状况

本研究对不同种植规模农户的公益性农技服务需求进行了统计，具体结果见图4-1，根据农户的种植规模，将受访农户划分为种植大户和普通小农户，对两类不同类型农户对公益性农技服务的需求状况进行了分析。根据统计结果可知，整体上而言，种植大户整体上比普通小农户的需求更加强烈，但是普通小农户对各项公益性农技服务需求也比较强烈。具体而言，首先，普通小农户和种植大户对病虫测报、病虫防治的需求程度都达到了 90％以上，其中普通小农户比种植大户的需求比例要稍微高一些，在病虫害测报服务方面，普通小农户的需求比例比种植大户的需求比例高出 3.89 个百分点，在病虫防治服务方面，普通小农户的需求比例比种植大户的需求比例则高出 3.52 个百分点。由此可以说明，不论是种植大户还是普通小农户，都比较关注病虫害测报和病虫防治，这可能是由于生态环境不断变化，导致现有的病虫防治较为复杂，农户难以准确把握病虫害发展态势和预防方案。其次，在一些农技服务类型中，种植大户的需求要高于普通小农户的需求，在农药残留检测、重金属污染检测、土肥检测、安全用药、种子质检、农机质检、防汛抗旱服务方面，种植大户的需求比例分别为 47.81％、37.59％、68.61％、83.94％、64.23％、48.54％、80.29％，而普通小农户的需求比例则为 33.14％、30.23％、56.98％、57.27％、49.13％、32.27％、69.77％，在这些技术服务中，种植大户比普通小农户的比例最高要高出 26.67 个百分比。与普通小农户而言，种植大户对于农药残留检测、重金属污染检测、土肥检测等农技服务的需求更加强烈，一定程度上可以说明种植大户对产品品质相关的农技服务更加关注，需求程度相对较高。此外，在新品种技术示范、高产高效技术示范、农业技术政策宣传、农业技术培训、水资源管理以及农田水利建设服务方面，种植大户与普通小农户的需求状况差别相对较小，说明这些技术对于普通小农户和种植大户都比较关键。

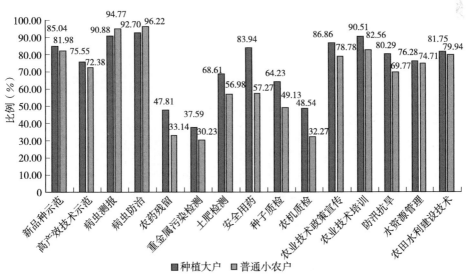

图 4-1　不同种植规模农户对公益性农技服务的需求状况

注：根据调研问卷整理所得。

（3）不同区域稻农对公益性农技服务的需求状况

由于湖南省和湖北省的农技推广系统存在较大的差异，湖北省以钱养事的农技推广体制长期存在，湖南省一直是"自上而下"的农技推广体制，因此将两省的受访农户对公益性农技服务的需求状况进行比较（图 4-2）。通过比较两省受访农户对公益性农技服务的需求状况可以发现，整体上看，湖北省农户对农技服务的需求比例整体上要高于湖南省，在部分农技服务类型中，湖北省受访农户的需求比例要低于湖南省，这可能与两省的农技推广体制机制有关。例如，在高产高效技术示范服务方面，湖北省受访农户的需求比例达到83.51%，湖南省受访农户的需求比例则为 65.47%。在农药残留检测服务、重金属污染检测服务、土肥检测服务、种子质检服务以及农机质检服务方面，湖北省受访农户需求比例分别为 50.88%、45.96%、70.88%、63.16%、50.18%，湖南省受访农户需求比例分别为 30.03%、22.83%、54.35%、49.55%、30.03%，在以上农技服务类型中，湖北省受访农户需求比例分别比湖南省受访农户需求比例高 20.85 个百分点、23.13 个百分点、16.53 个百分点、13.61 个百分点、20.15 个百分点。在部分农业技术服务类型中，湖南、湖北受访农户的需求状况差异较小。在新品种、安全用药、政策宣传、技术培训、水资源管理、农田水利设施建设服务方面，需求比例差异基本为 10 个百

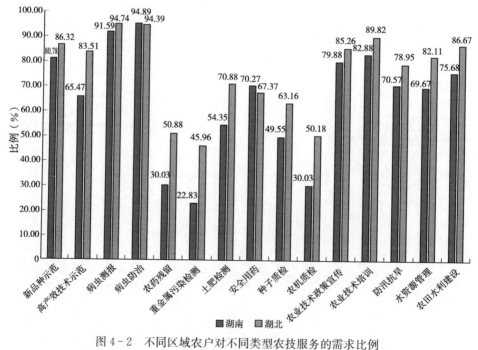

图 4-2 不同区域农户对不同类型农技服务的需求比例

注：根据调研问卷整理所得。

分点。而在病虫测报和病虫防治服务方面，两省受访农户的需求状况较为一致，需求比例都在90％以上，两省之间的需求差异几乎可以忽略不计，在病虫测报服务方面，在受访农户中，湖北农户需求农户比例比湖南需求农户比例高出3.15个百分点，而在病虫防治服务方面，在受访农户中，湖北需求农户比例则比湖南需求农户比例低0.5个百分点。

4.2 农户需求表达的特征分析

4.2.1 需求表达的构成要素

需求表达包含的要素较多，本研究将从表达主体、表达决策、表达渠道、表达方式以及表达对象等多个方面对需求表达进行解构，各要素相互作用，相互配合才使得需求表达发挥应有的作用。

（1）需求表达主体

需求表达主体是进行需求信息反馈的主体。在本研究中，需求表达主体主要是进行公益性农技服务需求咨询的主体，这些表达主体根据经营规模的差异可以将需求表达主体划分为规模经营主体和普通小农户经营主体，这些主体因其经营规模的差异表现出来的需求特征也存在差异。

（2）需求表达对象

需求表达的对象，主要指需求主体进行问题反映的主体，在本研究中，不仅包括基层农技推广组织为代表的公益性农技服务组织，也包括经销商、企业以及合作社等经营性的农技服务组织。对于公益性农技服务组织而言，其担负着公益性农技服务组织供给的责任和义务，并且这些组织因为其组织属性，与经营性服务组织相比，拥有更多的资源和便利条件，因此，这些组织也具有提供公益性农技服务的优势，此外由于组织长期提供服务，也与服务需求主体建立了联系，也更容易开展公益性农技服务推广工作。经营性农技服务组织，因为其追求利润的经济属性，使得这些主体在供给时效、供给针对性方面更加具有优势，因此营利性服务组织也是需求表达的主要对象。本研究依据需求表达对象是否以营利为目的，将需求表达对象划分为营利性服务组织和非营利性服务组织。

（3）需求表达内容

需求表达内容主要是需求主体利益诉求的载体，在本研究中，需求表达内容主要是指各项公益性服务。本研究依据《中华人民共和国农业技术推广法》对公益性农技推广结构的公益性职责的规定，提炼了以下15种公益性农技服务，主要包括新品种技术示范、高产高效技术示范、病虫测报、病虫防治、农药残留检测、重金属污染检测等服务，还包括土肥检测、安全用药、种子质检、农机质检、农业技术政策宣传、农业技术培训、防汛抗旱、水资源管理以及农田水利建设服务。这些服务内容都是与农业生产尤其是水稻生产息息相关的一些内容，也是生产经营主体在农业生产环节中需要的一些主要服务，因此本研究生产经营主体的利益诉求主要是希望服务组织提供这些服务或是解决这些服务方面的问题，以满足农业生产发展的需要。

（4）需求表达渠道

需求表达主体在利益诉求时不仅需要表达内容，承接信息传递的渠道也是必要环节，渠道是否畅通直接影响需求表达是否顺利进行。本研究将公益性农技服务需求表达渠道划分为两类：一类是制度性表达渠道，主要是指通过政府、信访等制度化的渠道进行表达；另一类是非制度化的表达渠道，主要是大众传媒、合作社等途径表达自己的公益性农技服务需求。制度化表达渠道需要依托于相对较为健全的表达制度，规定相关表达秩序，以促使需求表达主体将需求表达内容畅通地表达出来。非制度化表达渠道，使得表达主体能够轻松、自由地表达真实需求。不同的表达渠道具备不同的优势，也会影响需求表达的回馈效果。

（5）需求表达方式

需求表达方式也是需求表达的重要要素，是关乎需求表达效果的重要环节。在本研究中主要是指需求表达采用什么方式来进行需求表达，本研究主要依据表达主体的规模将表达主体划分为个体表达和集体表达两种方式。个体表达主要体现表达主体的单一性，且表达的内容是单个主体的需求反映，而集体表达说明表达主体具有一定的规模，且表达决策是多个主体的需求内容的集中反映。表达方式的差异，也会影响需求表达信息传递的效果。

4.2.2 农户需求表达偏好分析

农户需求表达方式、表达渠道以及表达对象的选择是需求表达行为决策基础上的重要选择，更是传递需求表达的重要载体。因此，本研究针对有需求表达行为的农户群体，从需求表达方式、表达渠道以及表达对象3个方面的特征出发，厘清农户公益性农技服务需求表达的现状特征，为进一步分析农户需求表达与农技服务可得性之间的关系提供现实基础。本研究对样本农户是否有进行农技服务需求表达进行分析，发现有81%的农户都有进行需求表达，只有19%的农户没有表达自己的农技服务需求。由此可见现阶段多数农户在遇到农技服务难题时，都会进行技术咨询。

（1）需求表达方式

在公共物品供给过程中，农村集体行动能力的下降，已经成为了制约农村协作性技术扩散的重要原因，并将会影响农业的可持续发展（王亚华，2017）。那么，在公益性农技服务供给过程中，农村集体行为能力是否处于较低的水平? 是否会影响我国公益性农技服务供需状况? 基于上述考量, 本研究从农户集体行为的视角出发, 按照表达人数的多少, 将农户公益性农技服务诉求方式划分为集体表达方式和个体表达方式, 以期更好地厘清现有农技服务需求表达方式中的集体行为和个体行为现状。本研究主要依据表达主体的数量来进行划分, 将多个需求主体进行整合的表达方式则称为集体表达, 只表达单一主体的需求信息的方式则称为个体表达。本研究对农户需求表达方式选择行为特征进行分析 (表 4 - 2), 通过对有需求表达的农户的需求表达方式进行分析发现, 在样本农户中有 82.07% 的农户表示更加偏好个体表达方式, 只有 17.03% 的农户表示更愿意通过集体表达的方式来表达自己的公益性农技服务需求。由此可见, 现有农户在进行公益性农技服务需求表达方面, 以个体表达方式为主。集体表达方式的行为选择依然处于一个较低的水平。

表 4 - 2 样本农户公益性农技服务需求表达方式分析

选项	有需求表达的农户样本	
	频率 (个)	百分比 (%)
集体表达	90	17.93
个体表达	412	82.07
合计	502	100.00

注: 根据调研问卷整理所得。

由于湖南和湖北农技服务供给体制存在一定的差异, 本研究进一步对比了不同省份的农户需求表达渠道选择的差异。依据农户所在的地理区位进行划分, 发现在具有农户需求表达行为的农户群体中, 湖南省的农户样本占较大的比例, 占比达到 63.55%。通过对两省农户样本的需求表达方式进行描述性统计发现 (表 4 - 3), 湖南省农户样本中, 有 9.72% 的农户表示更偏向集体表达, 有 90.28% 的农户表示更倾向于个体表达方式, 但是在湖北省样本农户中, 有 32.24% 的农户选择了集体表达方式, 有 67.76% 的农户表示更愿意以个体表达的方式来表达自己公益性农技服务。通过分析发现, 湖南和湖北的样本农户的需求表达方式的选择偏好存在明显的差异性, 但是农户的公益性农技服务需求表达方式依然以个体表达方式为主。

表 4 - 3 不同区域农户公益性农技服务需求表达方式分析

选项	湖南省		湖北省	
	频率 (个)	百分比 (%)	频率 (个)	百分比 (%)
集体表达	31	9.72	59	32.24
个体表达	288	90.28	124	67.76
合计	319	100.00	183	100.00

注: 根据调研问卷整理所得。

随着新型农业经营主体不断发展，农户群体出现了分化特征，为更好地剖析现有农户公益性农技服务需求表达的特征，本研究进一步考察了不同生产经营主体对公益性农技服务需求表达方式的选择偏好。根据统计分析结果（表4-4），对于普通农户而言，有 20.97％的农户偏好集体表达，有 79.03％的农户则更青睐个体表达形式。与此类似，在种植大户群体中，绝大多数的农户更偏好个体表达，仅仅有 14.96％的农户选择以集体表达方式来表达自己的农技服务需求。通过对比普通小农户和种植大户的需求表达方式来看，普通小农户与种植大户之间差异较小，依然以个体表达形式为主。

表4-4 不同规模种植农户对公益性农技服务需求表达方式分析

选项	普通小农户		种植大户	
	频率（个）	百分比（％）	频率（个）	百分比（％）
集体表达	52	20.97	38	14.96
个体表达	196	79.03	216	85.04
合计	248	100.00	254	100.00

注：根据调研问卷整理所得。

(2) 需求表达渠道

本研究将农户公益性农技服务需求表达渠道划分为制度化表达渠道和非制度化表达渠道。其中制度化表达是指主要依托制度体制，通过政府部门、基层村组织、信访制度等方式来表达自己的公益性农技服务需求，非制度化表达，主要是依托大众传媒，利用新型媒体、网络化手段向社会主体表达公益性农技服务需求，以寻求农技服务支持。为进一步厘清公益性农技服务需求表达渠道的特征，本研究整体考查有需求表达行为农户的需求表达渠道选择情况，将样本农户依据经营主体的不同和农户所在地理区位的不同进行样本农户的划分，并进行对比分析。统计结果显示（表4-5），有 35.66％的农户更加偏好非制度化的渠道来进行需求表达，有 64.34％的农户更加青睐于制度化的表达渠道，说明样本农户以制度化的表达渠道为主。

表4-5 农户公益性农技服务需求表达渠道分析

选项	有需求表达行为的农户样本	
	频率（个）	百分比（％）
非制度化表达	179	35.66
制度化表达	323	64.34
合计	502	100.00

注：根据调研问卷整理所得。

通过对两省农户样本的需求表达渠道进行描述性统计分析发现，结果见表4-6：湖南省农户样本中，有40.44％的农户表示更偏向于非制度化表达渠道，有59.56％的农户表示更倾向于制度化的表达渠道；但是在湖北省样本农户中，仅有27.32％的农户选择了非制度化渠道，有72.68％的农户更愿意通过制度化渠道来表达自己公益性农技服务需求。通过分析发现，湖南和湖北的样本农户的需求表达渠道的选择偏好存在明显的差异性，但是农户的公益性农技服务需求表达方式依然以制度化渠道表达为主。

表4-6 不同区域农户公益性农技服务需求表达渠道分析

选项	湖南		湖北	
	频率（个）	百分比（％）	频率（个）	百分比（％）
非制度化渠道	129	40.44	50	27.32
制度化渠道	190	59.56	133	72.68
合计	319	100.00	183	100.00

注：根据调研问卷整理所得。

新型农业经营主体在农业生产中发挥越来越重要的作用，本研究进一步对不同经营主体公益性农技服务需求表达渠道选择行为进行了分析，具体统计结果见表4-7，从统计结果来看，普通小农户与种植大户的选择偏好具有一致性，都更加偏好制度化表达渠道，选择制度化的表达渠道的农户占比分别为61.69％和66.93％，其选择比例都超过了60％。对于非制度化的表达渠道的选择比较少，分别有38.31％和33.07％的普通小农户和种植大户选择向非制度化渠道表达自己的服务需求，由此可见，不同规模种植农户对于表达渠道的选择行为差异较小。

表4-7 不同种植规模农户公益性农技服务需求表达渠道分析

选项	普通小农户		种植大户	
	频率（个）	百分比（％）	频率（个）	百分比（％）
非制度化渠道	95	38.31％	84	33.07％
制度化渠道	153	61.69％	170	66.93％
合计	248	100.00％	254	100.00％

注：根据调研问卷整理所得。

（3）需求表达对象

需求表达对象的选择行为直接关系到农户公益性农技服务需求表达的反馈效果，是实现农户需求表达信息传递的关键环节，是需求表达信息传递的最终落脚点。现有农技服务供给主体不断丰富和多元化，但是公益性农技推广部门等非营利性农技推广组织在现有公益性农技服务的供给中依然发挥着主导地位，也有较多的营利组织开始提供公益性农技服务。借鉴孔祥智等（2012）对服务组织的分类，依据服务组织的服务目的，本研究将农业社会化服务组织划分为营利性组织和非营利性组织两大类。具体而言，将追求利润目标的企业（包括个体经销商）、金融机构界定为营利性组织；将提供公益性和非排他性服务为主的政府及其他公共机构、农民专业合作社、科研单位以及村集体等组织界定为非营利性组织。根据统计分析结果，见表 4-8，受访农户中，有63.94%的农户主要选择向非营利性服务组织表达自己的农技服务需求，有36.06%的农户则主要选择向个体经销商等农户表达自己的农技服务需求，由此可见，在农技服务需求表达对象选择行为中，农户多以选择向非营利性服务组织表达农技服务需求。

表 4-8　样本农户公益性农技服务需求表达对象分析

选项	有需求表达行为的农户样本	
	频率（个）	百分比（%）
营利性服务组织	181	36.06
非营利性服务组织	321	63.94
合计	502	100.00

注：根据调研问卷整理所得。

　　进一步对湖南和湖北的样本农户进行分析，具体统计结果见表 4-9。在湖北的样本农户中，有70.49%的农户选择向非营利组织表达农技服务需求，有29.51%的农户更加偏好向营利性组织表达自己的农技服务需求；而在湖南的样本农户中，60.19%的农户选择向非营利组织表达农技服务需求，有39.81%的农户则更愿意选择向营利性组织表达农技服务需求。通过比较发现，湖南和湖北的样本农户对于需求表达存在一定的差异，在受访农户中，湖北省农户倾向于向非营利服务组织表达农技服务需求的比例要高于湖南省选择向非营利组织表达农技服务的农户比例，但是两省农户都更加偏好向非营利组织表达农技服务。

表 4-9　不同区域农户公益性农技服务需求表达对象分析

选项	湖南省		湖北省	
	频率（个）	百分比（%）	频率（个）	百分比（%）
营利性服务组织	127	39.81%	54	29.51%
非营利性服务组织	192	60.19%	129	70.49%
合计	319	100.00%	183	100.00%

注：根据调研问卷整理所得。

为进一步了解不同规模种植农户公益性农技服务需求表达对象选择行为，本研究对普通小农户和种植大户公益性农技服务需求表达渠道选择行为进行分析，分析结果见表4-10，对于普通小农户而言，有48.79%的普通小农户选择向营利性服务组织表达农技服务需求，仅仅有23.62%的种植大户更青睐向营利性服务组织表达农技服务需求。对于非营利性服务组织选择而言，有51.21%的普通小农户更加偏好非营利性服务组织，有76.38%的种植大户更加偏好非营利性服务组织。通过对比发现，种植大户与普通小农户都更加偏好向非营利服务组织表达自己的农技服务需求，但是这一偏好在种植大户群体中显得更加明显，在普通小农户中，对营利性服务组织和非营利性服务组织的偏好差别较小。

表4-10 不同种植规模农户公益性农技服务需求表达对象选择行为分析

选项	普通小农户		种植大户	
	频率（个）	百分比（%）	频率（个）	百分比（%）
营利性服务组织	121	48.79	60	23.62
非营利性服务组织	127	51.21	194	76.38
合计	248	100.00	254	100.00

注：根据调研问卷整理所得。

4.3 农户需求与农户需求表达的关系分析

农户需求是农户需求表达的基础，农户需求表达则是农户需求的行为表现，农户需求和农户需求表达都是需求主体需求信息的重要内容。一方面，本研究所探讨的农户需求表达是一种自愿的农户行为，农户需求表达需要付出一定的成本，由于受到成本约束的影响，农户都是理性的经济人，必然会考虑成本和收益，农户在采取需求表达行为时，必然会考虑自身是否有需求，对于自己没有需求的农户必然不会采取需求表达行为。因此，有农户需求表达行为的农户因为受需求表达成本的约束必然是以自己真实的农户需求为基础进行需求表达行为决策。另一方面，在公益性农技服务领域，由于农技服务的公益性属性，并未考察支付能力，使得农户需求更多地体现为一种需求意愿，一种意识，一种心理需求的反映，是农户需求行为的内在驱动力。农户行为一般是在意识的指导下的产物，因此，农户需求表达行为必须从农户需求意识出发，以农户需求为基础，而农户需求表达则是农户需求的行为反应。

农户需求表达是识别农户有效需求的重要手段，有农户需求并不一定会有农户需求表达行为。在公益性农技服务领域中，由于农户需求不需要考虑支付成本，使得农户需求等同于农户需要的意愿。农户需要意愿则是一种意识层面的需要，难以体现农户的真正需求。而农户需求表达是存在表达成本的，这种表达成本多体现在时间的耗费或者由于表达主体与需求主体之间距离较远，因此必须要付出一定的交通费用等方面。由于受表达成本的约束，会使得没有有效需求的农户将不会进行需求表达，从而有进行公益性农技服务需求表达的农户必然是有迫切的需求，并且这些需求具有真实性。通过比较基于农户需要意愿的农技服务需求状况和基于需求表达的农技服务需求状况，我们发现，农户需求意愿的比例要远远高于农户需求表达的比例，例如以土肥检测为例，有需求意愿的农户比例为83.33%，而有需求表达行为的农户则仅仅为22.98%；病虫测报服务，有需求意愿的农户比例为93.04%，而基于需求表达考察的农户比例则为65.70%。其他农技服务的两者需求比例也存在较大的差异，这主要是由于公益性农技服务需求意愿是一种需要意愿，而在公共物品需求过程中，需求主体容易产生"搭便车"的行为，因为这种行为并不需要付出成本。因此，本研究主要从农户需求表达的重点来分析公益性农技服务的供给重点，是考虑了成本约束后一种更加真实的农户需求。

农户需求表达是农户需求显性化的重要手段。农户需求多以需求意愿为主，并未有效考察到需求含义中的支付能力。农户需求是一种潜在的需求，是需求主体内心的一种需求意识。而农户需求表达则是将这种隐性的需求显性化的过程，让农户内在的需求意愿表达出来，使得内在的需求得到表达。农户需求表达将内在的需求表达出来，也有利于公益性农技服务供给主体能够及时地了解农户需求，并且通过农户需求表达出来的农户需求，更加具有可靠性和真实性，也减少了公益性农技服务供给组织了解农户需求的障碍。

农户需求表达是连接农户需求与服务供给主体之间的桥梁。对于公益性农技服务而言，在现有以公益性农技推广机构为主的推广体系，公益性农技服务需求信息难以传递给需求主体，加上公益性农技服务供给主体也缺乏了解农户需求的动力。即使公益性农技服务主体乐于了解农户需求，由于农技服务公益性的属性，使得需求主体容易产生"搭便车"的行为，从而使得农技服务主体难以获取到真实的农户需求，这样导致的信息不对称也会影响公益性农技服务的供需状况。农户需求需要通过一定的方式、一定的渠道才能够将农户需求传递给公益性农技服务的供给主体，而农户需求表达则是能将农户需求信息传递给公益性农技服务需求主体的有效手段，农户需求可以通过采取需求表达行为，通过选择不同的表达方式、表达渠道以及表达对象，从而使得农户需求主体能够有效地将农户真实的需求反映给公益性农技服务需求主体，对于改善公益性农技服务供需不匹配状况具有重要的意义。

由于农户需求表达的重点更能反映农户需求的真实性，农户需求表达更加可靠，因此，在进行公益性农技服务结构调整的过程中，需要以农户需求表达的重点为依据来调整公益性农技服务结构，并进一步分析农户需求表达对公益性农技服务供需状况的影响。

4.4 本章小结

本章小结如下：

第一，从公益性农技服务需求来看，样本农户对病虫测报、病虫防治的需求最为迫切，对新品种技术、土肥检测、政策宣传、技术培训以及农田水利建设服务的需求则较为迫切，对农药残留、重金属污染、农机质检、种子质检的需求较低。从不同经营主体来看，整体上而言，种植大户整体上比普通小农户的需求更加强烈，但是普通小农户对各项公益性农技服务需求也比较强烈。对于不同区域而言，湖北省调研区域需要农业技术服务受访农户的比例整体上要高于湖南省农户的需求比例。

第二，从表达方式特征分析结果来看，现有农户在进行公益性农技服务需求表达方面，以个体表达方式为主。集体表达方式的行为选择依然处于一个较低的水平。湖南省和湖北省样本农户的需求表达方式的选择偏好存在明显的差异性。通过对比普通小农户和种植大户的需求表达方式来看，普通小农户与种植大户之间差异较小，依然以个体表达形式为主。

第三，从表达渠道特征分析结果来看，通过对有需求表达行为农户的整体分析中发现，样本农户以非制度化的表达渠道为主。两省样本农户的需求表达渠道的选择偏好存在明显的差异性，普通农农户与种植大户的选择偏好具有一致性。

第四，从表达对象特征分析结果来看，受访农户中，在农技服务需求表达对象选择行为中，农户多选择向非营利性服务组织表达农技服务需求。在受访农户中，湖北省农户倾向于向非营利服务组织表达农技服务需求的农户比例要高于湖南省，但是两省农户都更加偏好于向非营利组织表达农技服务。种植大户与普通小农户都更加偏好于向非营利服务组织表达自己的农技服务需求，但是这一偏好在种植大户群体中显得更加明显。

第五，农户需求是农户需求表达的基础，农户需求表达则是农户需求的行为表现，农户需求和农户需求表达都是需求主体需求信息的重要内容。农户需求表达是识别农户有效需求和需求显性化的重要手段。农户需求表达是连接农户需求与服务供给主体之间的沟通桥梁。

5 农户公益性农技服务需求表达的
重点与结构分析

从农户需求表达视角了解农户需求，是把握农户有效需求的重要手段。因此，本章基于第4章的研究结论，进一步对农户需求表达的重点和结构进行剖析，以此了解农户需求表达的现状。首先，对不同类型公益性农技服务需求表达重点进行分析，了解农户重点需求的公益性农技服务类型；其次，对不同种植规模农户的需求表达重点进行考查，以了解不同种植规模农户的需求重点；最后，对不同区域农户的需求表达重点进行分析，以确定不同区域公益性农技服务的需求重点。在此基础上，本研究依据农户需求表达的比例，对公益性农技服务需求层次进行了划分，确立了不同需求层次中公益性农技服务类型，以此确定不同的供给策略。与此同时，对不同种植规模农户和不同区域农户的需求表达层次进行了分析，以更好地把握农户需求表达层次。

5.1 农户公益性农技服务需求表达的重点分析

根据前文对公益性农技服务的概念界定，本研究重点考察的农业技术服务主要包括新品种技术示范、高产高效技术示范、病虫测报、病虫防治、农药残留检测、重金属污染检测、土肥检测、安全用药检测、种子质检、农机质检、农业技术政策宣传、农业技术培训、防汛抗旱、水资源管理服务和农田水利建设服务。已有研究主要根据农户的需求偏好来确定我国农技服务需求主体的农技服务重点，这一方法不仅缺乏对农户需求显性化的考虑，更缺乏对需求的真实性进行有效的考查。其主要原因可能是由于公益性农技服务的公益性属性，容易产生"搭便车"的行为，简单的需求意愿的询问，并未考虑到农户寻求服务的成本，因此难以考查需求的真实性。农户需求意愿是一种需求意识，这种需求意识能否被农技服务供给者所了解，才是实现有效供给的重要前提。如果以考查农户对农技服务需求表达为依据，一方面，样本农户必须考虑需求表达的成本，即在获取农技服务支持所花费的时间成本或者由于咨询主体的距离产生的经济成本，从而减少"搭便车"的行为。另一方面也使得隐性的需求偏好变为显性的需求，可以更加客观、更加真实地反映农户的需求重点，从而避免因供需不匹配而造成的资源浪费，最终影响农技服务的供给效果。

        基于农户需求表达视角，本研究首先对样本整体农户的公益性农技服务需求表达重点进行分析，以明确样本农户的需求重点。随着种植大户等主体与普通小农户的逐渐分化，其需求重点也发生了显著的变化，为更好地把握不同农业经营主体的需求重点，本研究进一步将样本农户依据其水稻种植规模的差异划分为种植大户（种植面积大于等于50亩）和普通小农户（种植面积小于50亩），对不同种植规模农户的公益性农技服务的需求表达状况进行剖析，并进行对比分析。虽然湖南和湖北两省的公益性农技推广体系存在一定的差异，但是农技推广机构的公益性职能并未发生改变。湖南省以公益性农技推广体系为主，湖北省则以"以钱养事"制度为主。虽然"以钱养事"制度是与公益性农技推广体系截然不同的制度，该制度在处理公益性职能与推广人员薪资待遇方面存在较多的问题，这些问题也促使以钱养事制度在不断的改革和调整，从而保证公益性农技服务推广工作落到实处。分析不同省份农户对公益性农技服务的需求表达状况，以此来考查不同农技推广体系下样本农户的公益性农技服务需求重点，为不同农技推广体制下的公益性农技服务结构优化提供现实基础和理论依据。

5.1.1 农户对不同类型公益性农技服务的需求表达重点分析

        首先，从样本农户公益性农技服务需求表达出发，分别对每一类公益性农业技术服务需求表达状况进行了统计，具体结果见表5-1。从表中可知，受访农户对病虫测报、病虫防治服务的需求最为迫切，分别有65.70%和72.33%的农户表达了对这两项农技服务的需求。由此可以说明这两项农技服务对于农户农业生产具有重要的意义。

        其次，农户对新品种技术示范服务、安全用药服务、农业技术培训服务、防汛抗旱服务以及农田水利建设服务的需求比例相对较高，接近有一半的农户积极表达了自己的服务需求。在受访农户中，有46.44%的农户表达了自己对新品种技术示范服务的需求，表达了安全用药服务需求农户比例为43.53%，此外，分别有49.84%和44.98%农户表达了自己对农业技术培训以及农田水利建设服务的需求，并积极寻求解决方法。

        此外，其他农技服务类型的需求表达比例较低，尤其在农药残留检测服务、重金属检测服务、农机质检服务方面，有需求表达行为的农户比例皆在30%以下。说明样本农户对农药残留检测服务、土肥检测服务、农机质检服务需求迫切性非常低，对这些农技服务的供给策略就应该与其他公益性农技服务供给策略不同。现有农户对这些农技服务的需求比例较低，其原因可能是样本农户还未意识到这些服务的作用，因此农户对于这些农技服务的需求较少。与此同时，在表中也发现有30%～40%的农户表达了对高产高效技术示范服务、农业技术政策宣传服务、水资源管理服务的需求，但大多数人并未表达服务需求，由此可见，农户对这些服务的需求也是相对较少的。

通过以上分析，样本农户最需要的是病虫测报服务和病虫防治服务，接近有一半的农户表达过自己对新品种技术示范服务、安全用药服务、农业技术培训服务、防汛抗旱服务以及农田水利建设服务方面的需求，而农户对农药残留检测服务、重金属检测服务、农机质检服务的需求甚少。一定程度上说明农户更加关注产量的增加，对于产品质量的关注还相对较少。

表 5-1　农户对不同公益性农技服务的需求表达状况

服务类型	新品种技术	高产高效技术	病虫测报	病虫防治	农药残留	重金属污染	土肥检测	安全用药	种子质检	农机质检	政策宣传	技术培训	防汛抗旱	水资源管理	农田水利
有表达（户）	287	237	406	447	116	102	142	269	153	111	241	308	268	191	278
比例（%）	46.44	38.35	65.70	72.33	18.77	16.50	22.98	43.53	24.76	17.96	39.00	49.84	43.37	30.91	44.98
无表达（户）	331	381	212	171	502	516	476	349	465	507	377	310	350	428	340
比例（%）	53.56	61.65	34.30	27.67	81.23	83.50	77.02	56.47	75.24	82.04	61.00	50.16	56.63	69.09	55.02
合计（户）	618	618	618	618	618	618	618	618	618	618	618	618	618	618	618
比例（%）	100	100	100	100	100	100	100	100	100	100	100	100	100	100	100

注：根据调研问卷整理所得，受篇幅限制，对部分服务表述进行了简化。

5.1.2　不同种植规模农户对公益性农技服务的需求表达重点分析

根据农户的种植规模，将受访农户划分为种植大户和普通小农户，并对两类农户公益性农技服务的需求状况进行了分析。首先集中分析了种植大户对公益性农技服务的需求表达重点，其次分析了普通小农户对公益性农技服务的需求表达重点，最后对种植大户和普通小农户的需求表达重点进行了对比分析。

（1）种植大户对公益性农技服务的需求表达重点分析

首先，对种植大户公益性农技服务的需求表达状况进行统计分析，具体结果见表 5-2。根据分析结果可知，在种植大户群体中，对病虫测报服务、病虫防治服务以及农业技术培训服务进行需求表达的农户比例较高，其需求表达比例分别为 75.91%、83.58% 和 65.33%。由此可见种植大户群体对水稻病虫测报服务、病虫防治服务以及农业技术培训服务的需求非常迫切。

其次，种植大户对新品种技术示范服务、高产高效技术示范服务、安全用药服务、农业技术政策宣传服务、防汛抗旱服务以及农田水利建设服务需求表达比例相对较高，多集中在 50% 左右。其中，在新品种技术示范服务、安全用药服务、防汛抗旱服务以及农田水利建设服务方面，都有超过 50% 的农户在这些服务方面存在难题，而对于农业技术政策宣传和高产高效技术示范服务而言，有需求表达行为的农户比例都在50％以下，但是也比较接近50％。由此可见，种植大户对多数农技服务的需求都较为迫切，对公益性农技服务的重视程度更高。

最后，对农药残留检测服务、重金属污染检测服务、土肥检测服务、种子质检服务、农机质检以及水资源管理服务而言，种植大户中有需求表达行为的农户较少。其有表达行为的农户比例多低于30％，甚至在农药残留检测服务和重金属污染检测服务方面，种植大户群体中有需求表达行为的农户比例在20％以下。说明种植大户对检测类农技服务的需求较少，这些服务在种植大户群体中还未得到重视。

表 5-2 种植大户对公益性农技服务的需求表达状况分析

服务类型	新品种技术	高产高效技术	病虫测报	病虫防治	农药残留	重金属污染	土肥检测	安全用药	种子质检	农机质检	政策宣传	技术培训	防汛抗旱	水资源管理	农田水利
有表达（户）	146	130	208	229	52	47	74	153	82	57	126	179	139	94	144
比例（％）	53.28	47.45	75.91	83.58	18.98	17.15	27.01	55.84	29.93	20.80	45.99	65.33	50.73	34.31	52.55
无表达（户）	128	144	66	45	222	227	200	121	192	217	148	95	135	180	130
比例（％）	46.72	52.55	24.09	16.42	81.02	82.85	72.99	44.16	70.07	79.20	54.01	34.67	49.27	65.69	47.45
合计（户）	274	274	274	274	274	274	274	274	274	274	274	274	274	274	274
比例（％）	100	100	100	100	100	100	100	100	100	100	100	100	100	100	100

注：根据调研问卷整理所得，受篇幅限制，对部分服务表述进行了简化。

（2）普通小农户对公益性农技服务需求表达重点分析

通过对普通小农户群体的公益性农技服务需求表达状况进行统计分析，结果见表5-3。普通小农户对病虫测报服务和病虫防治服务的需求最为迫切，对于这两类农技服务而言，分别有57.56％和63.37％的农户有向公益性农技服务的供给组织表达过自己的服务需求。

对于其他服务类型而言，农户的需求表达积极性不高，有需求表达行为的农户比例都低于50％，多数集中在30％左右，也一定程度上反映了农户需求并不迫切。具体而言，在高产高效技术示范服务、安全用药服务、农业技术政策宣传服务、农业技术培训服务、防汛抗旱服务以及农田水利建设服务方面，有需求表达行为的农户比例分别为31.10％、33.72％、33.43％、37.50％、37.50％及38.95％。其他类型的农技服务的需求表达比例都在30％以下。例如，对于农药残留检测、重金属污染检测、土肥检测以及农机质检而言，有表达服务需求的农户比例分别为18.60％、15.99％、19.77％和15.70％，一定程度上可以说明，普通农户对这些服务的需求较少，并且并不重视这些农技服务。

通过以上分析，发现普通小农户对病虫害测报服务和病虫防治服务的需求尤为迫切和重视，对于其他服务类型的需求较少。

表5-3 普通小农户对公益性农技服务的需求表达状况分析

服务 类型	新品种 技术	高产高 效技术	病虫 测报	病虫 防治	农药 残留	重金属 污染	土肥 检测	安全 用药	种子 质检	农机 质检	政策 宣传	技术 培训	防汛 抗旱	水资源 管理	农田 水利
有表达（户）	141	107	198	218	64	55	68	116	71	54	115	129	129	97	134
比例（%）	40.99	31.10	57.56	63.37	18.60	15.99	19.77	33.72	20.64	15.70	33.43	37.50	37.50	28.20	38.95
无表达（户）	203	237	146	126	280	289	276	228	273	290	229	215	215	247	210
比例（%）	59.01	68.90	42.44	36.63	81.40	84.01	80.23	66.28	79.36	84.30	66.57	62.50	62.50	71.80	61.05
合计（户）	344	344	344	344	344	344	344	344	344	344	344	344	344	344	344
比例（%）	100	100	100	100	100	100	100	100	100	100	100	100	100	100	100

注：根据调研问卷整理所得，受篇幅限制，对部分服务表述进行了简化。

（3）不同种植规模对公益性农技服务需求表达重点对比分析

本研究对不同种植规模农户的公益性农技服务需求表达状况进行了统计，具体结果见图5-1。根据统计结果可知，整体上而言，种植大户比普通小农户的需求表达的积极性更高，需求也更为强烈，普通小农户对大多数公益性农技服务需求表达都不足，农技服务需求也较弱。

在新品种技术示范服务、病虫测报服务、病虫防治服务、安全用药服务、农业技术政策宣传、防汛抗旱服务以及农田水利设施建设服务方面，种植大户有需求表达行为的农户比例要远远超过普通小农户群体中有需求表达行为的农户比例。具体而言，在新品种技术示范服务、病虫测报服务、病虫防治服务、安全用药服务、农业技术政策宣传、防汛抗旱服务以及农田水利设施建设服务中，与普通小农户相比，种植大户群体中有表达行为的农户比例要分别高出12.30个百分点、16.34个百分点、18.35个百分点、20.20个百分点、22.12个百分点、12.56个百分点、27.83个百分点、13.23个百分点以及13.60个百分点，其表达比例差距都超过了10个百分点，由此可见，种植大户的需求更加迫切。并且在所有的公益性农技服务中，不论是普通小农户还是种植大户，对病虫测报服务和病虫防治服务的需求都最为迫切。这可以说明，不论是种植大户还是普通小农户，都比较关注病虫害测报和病虫防治，这可能是由于生态环境不断变化，导致现有的病虫防治较为复杂，农户难以准确把握病虫害发展态势和预防方案。

在农药残留检测服务、重金属污染检测服务方面，种植大户和普通小农户之间的需求状况较为一致，两个农户群体的需求比例差距较小。在农药残留检测服务方面，种植大户的需求表达比例与普通小农户的需求表达比例之间的差

距仅为 0.37 个百分点，在重金属检测服务方面，需求表达的比例差距仅为
1.16 个百分点。由此可见这两类公益性农技服务在不同种植规模群体中的差
异微乎其微，其供给策略可以较为类似。这可能是由于这两类农技服务其自身
的属性主要是从食品安全出发，为保障食品安全，对农户的生产要求更高。但
是，由于这两类农技服务的外部性，使得样本农户的需求表达的积极性都很
低，需求不足，并且这一现象在不同农户群体中都表现出相同的特征。对于土
肥检测服务、种子质检服务、农机质检服务、水资源管理服务而言，种植大户
群体中有需求表达行为的农户比例也要高于普通小农户群体中农户需求表达的
比例，但两类农户群体中的表达比例的差距都集中在 5%～10% 的区间内，这
说明在这些农技服务中，种植大户和普通小农户之间的需求差异较小，一定程
度上可以采取较为类似的供给策略。

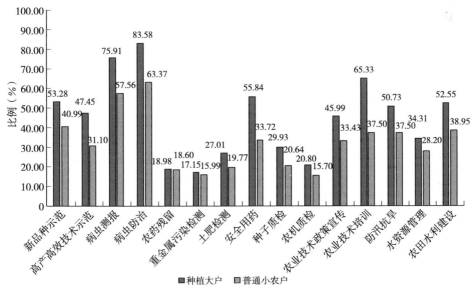

图 5-1　不同种植规模农户对不同类型农业技术需求表达状况对比

注：根据调研问卷整理所得。

　　通过以上分析，对于不同种植规模的农户群体而言，在公益性农技服务需
求方面各具重点，因此，公益性农技服务的供给结构需要进行有针对性的调
整，以此来提高公益性农技服务的服务效率。

5.1.3　不同区域农户对公益性农技服务的需求表达重点状况

　　由于不同区域公益性农技服务体系存在差异，且受区域发展条件的影响，
不同区域农户对公益性农技服务的需求表达是否存在差异，需要进一步检验。
在本部分中，基于农户需求表达的视角，首先分别对湖南省和湖北省样本农户

公益性农技服务需求表达重点进行分析，以此来把握两省公益性农技服务需求的重点，进一步对湖南省和湖北省样本农户公益性农技服务需求表达状况进行对比分析，以便更好地把握两省公益性农技服务的需求重点。

（1）湖南省样本农户对公益性农技服务需求表达重点分析

通过对湖南省样本农户的需求表达状况进行统计，具体结果见表5-4。农户对病虫测报服务和病虫防治服务的需求最为迫切，分别有73.87%和83.18%的样本农户有向公益性农技服务组织表达过自己的需求。由此可见，湖南省样本农户对这两项公益性农技服务的重视程度较高，并且对表达这两类服务需求的积极性也比较高。

在新品种技术示范、安全用药、农技培训、防汛抗旱以及农田水利设施建设服务方面，有表达的农户比例相对较高，对于以上服务而言，有需求表达行为的农户比例在50%左右。其中，对于农业技术培训服务的需求比例最高，达到52.85%，对新品种技术示范服务和农田水利建设服务，均有48.95%的农户表达了对这两项服务的需求。此外，对安全用药服务和防汛抗旱服务而言，分别有48.35%和47.15%的样本农户表达过自己的服务诉求。由此可以说明，在湖南省样本农户中，样本农户对新品种技术示范、安全用药、农业技术培训和农田水利建设服务也较为关切，这些服务对于水稻种植具有重要的意义。

对于其他服务而言，湖南省的样本农户有需求表达行为的比例较少，除了高产高效技术示范和农业技术政策宣传两项服务的农户需求表达比例超过了30%，农户对其他服务类型的需求表达比例均比较低，多数需求表达比例在20%以下。例如农药残留检测服务、重金属污染检测服务以及农机质检服务的需求表达比例分别为8.41%、6.61%和7.21%，都低于10%。由此可见，样本农户对这3类农技服务的关注程度非常低，基本处于不表达的状况。

表5-4　湖南省样本农户对公益性农技服务需求表达状况分析

服务类型	新品种技术	高产高效技术	病虫测报	病虫防治	农药残留	重金属污染	土肥检测	安全用药	种子质检	农机质检	政策宣传	技术培训	防汛抗旱	水资源管理	农田水利
有表达（户）	163	119	246	277	28	22	46	161	55	24	118	176	157	91	163
比例（%）	48.95	35.74	73.87	83.18	8.41	6.61	13.81	48.35	16.52	7.21	35.44	52.85	47.15	27.33	48.95
无表达（户）	170	214	87	56	305	311	287	172	278	309	215	157	176	242	170
比例（%）	51.05	64.26	26.13	16.82	91.59	93.39	86.19	51.65	83.48	92.79	64.56	47.15	52.85	72.67	51.05
合计（户）	333	333	333	333	333	333	333	333	333	333	333	333	333	333	333
比例（%）	163	119	246	277	28	22	46	161	55	24	118	176	157	91	163

注：根据调研问卷整理所得，受篇幅限制，对部分服务表述进行了简化。

（2）湖北省样本农户对公益性农技服务需求重点分析

通过对湖北省样本农户公益性农技服务需求表达状况进行分析，统计结果见表 5-5。在所有公益性农技服务类型中，仅仅只有病虫测报服务和病虫防治服务，样本农户中有需求表达行为的农户比例才超过了一半以上，表达比例为 56.14% 和 59.65%。说明样本农户对这两项公益性农技服务相对较为重视。

农户对其他公益性农技服务的需求表达状况较为相似，农户需求表达比例主要多集中在 30%～50%。其中在新品种技术示范服务、高产高效技术示范服务、农业技术政策宣传服务、农业技术培训服务和农田水利建设服务方面有需求表达行为的农户比例分别为 43.51%、41.40%、43.16%、46.32% 和 40.35%。而对于农药残留检测服务、重金属检测服务、土肥检测服务、安全用药服务、种子质检服务、农机质检服务、防汛抗旱服务以及水资源管理服务而言，农户需求表达的比例多集中在 30% 左右，并且各个服务之间的样本农户的需求表达差异不明显。

表 5-5　湖北省农户对公益性农技服务的需求表达状况分析

服务类型	新品种技术	高产高效技术	病虫测报	病虫防治	农药残留	重金属污染	土肥检测	安全用药	种子质检	农机质检	政策宣传	技术培训	防汛抗旱	水资源管理	农田水利
有表达（户）	124	118	160	170	88	80	96	108	98	87	123	132	111	100	115
比例（%）	43.51	41.40	56.14	59.65	30.88	28.07	33.68	37.89	34.39	30.53	43.16	46.32	38.95	35.09	40.35
无表达（户）	161	167	125	115	197	205	189	177	187	198	162	153	174	185	170
比例（%）	56.49	58.60	43.86	40.35	69.12	71.93	66.32	62.11	65.61	69.47	56.84	53.68	61.05	64.91	59.65
合计（户）	285	285	285	285	285	285	285	285	285	285	285	285	285	285	285
比例（%）	100	100	100	100	100	100	100	100	100	100	100	100	100	100	100

注：根据调研问卷整理所得，受篇幅限制，对部分服务表述进行了简化。

（3）不同区域稻农对公益性农技服务需求表达重点分析

由于湖南省和湖北省的农技推广系统存在较大的差异，湖北省以钱养事的农技推广体制长期存在，湖南省一直是"自上而下"的农技推广体制，因此将两省的受访农户对公益性农技服务的需求表达状况进行比较，具体统计结果见图 5-2。

通过比较两省受访农户对公益性农技服务的需求状况可以发现，整体上看，湖南省样本农户对不同类型公益性农技服务需求状况差异明显，湖北省样本农户对不同类型公益性农技服务的需求状况差异相对较小。在新品种技术示范服务、病虫测报服务、病虫防治服务、安全用药服务、农业技术培训服务、农田水利设施建设服务方面，湖南省农户样本中有表达农户需求的比例更高，在以上公益性农技服务类型中，与湖北省农户需求表达状况相比，湖南省样本农户中有需求表达的农户比例分别高出 5.44 个百分点、17.73 个百分点、

23.53 个百分点、10.46 个百分点、6.53 个百分点、8.2 个百分点和 8.6 个百分点。其中在新品种技术示范服务、安全用药服务、农业技术培训服务、农田水利设施建设服务方面，两个省份样本农户中有需求表达的农户比例相对较小。在高产高效技术示范服务、农药残留服务、重金属检测服务、土肥检测服务、种子质检服务、农机质检服务、农业科技政策宣传服务以及水资源管理服务方面，湖北省样本农户中有需求表达的比例更高，尤其在农药残留检测服务、农药残留服务、重金属检测服务、土肥检测服务、种子质检服务以及农机质检服务等检测服务方面，差异尤为明显。具体而言，湖南省样本农户中有表达行为的农户占比分别比湖南省样本农户中有表达行为的农户占比高出 22.47 个百分点、21.46 个百分点、19.87 个百分点、17.87 个百分点和 23.32 个百分点。而在高产高效技术示范服务、农业技术政策宣传服务、水资源管理服务方面，两省的农户需求表达比例差距较小。

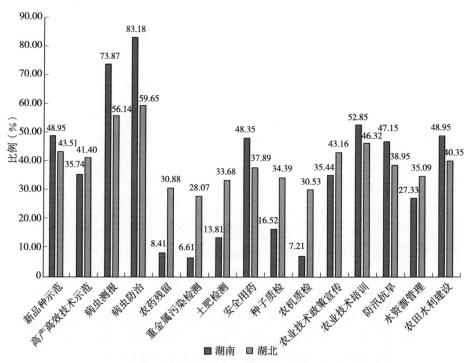

图 5-2　不同区域农户对不同类型农技服务的需求表达状况

注：根据调研问卷整理所得。

根据以上分析，湖南和湖北两省农户对公益性农技服务需求状况存在明显的差异，也存在一定的共性。首先，两省农户在新品种技术示范服务、安全用药服务、农业技术培训服务、农田水利设施建设服务、高产高效技术示范服务、农业技术政策宣传服务、水资源管理服务方面，两省的农户需求表达比例差距较小。其次，湖北省样本农户对绝大多数公益性农技服务都存在一定的需求，而湖南省样本农户则对农药残留检测服务、土肥检测服务、种子质检服务以及农机质检服务的需求非常低。

5.2 农户公益性农技服务需求表达的结构分析

5.2.1 公益性农技服务需求表达整体结构分析

根据样本农户对不同公益性农技服务需求重点分析结果，将需求比例分成3个层次，具体见图5-3。由于公益性农技服务必须以满足多数人的需求为目标，因此，本研究将依据公益性农技服务需求强度将公益性农技服务需求状况划分为3个不同的区间。高需求强度区间，主要指需求表达比例在60%以上的公益性农技服务类型，说明这类农技服务样本农户非常重视且非常需要；一般需求强度区间，则主要指需求表达比例处于40%～60%的公益性农技服务，说明这类农技服务也是农户比较重视的；低需求强度区间，主要是指需求表达比例低于40%的公益性农技服务类型，说明这类农技服务类型是样本农户不太需要的农技服务。

高需求强度区间，病虫测报服务和病虫防治服务需求表达最为强烈。说明样本农户对这两项服务的需求非常迫切。因此，在公益性农技服务供给中，应该优先供给这两类农技服务，并且更容易满足农户的需求，实现供需衔接。这些服务类型对于农业生产而言，是最基本的服务，直接关系到产量和收入，因此，农户对这些服务的需求更为强烈。

一般需求强度区间，新品种技术示范服务、安全用药服务、农业技术培训、防汛抗旱服务以及农田水利建设服务，农户需求表达较为强烈。具体而言，样本农户对新品种技术示范服务、安全用药服务、农业技术培训、防汛抗旱服务以及农田水利建设服务有表达服务需求的农户比例在50%左右，基本表明有接近一半或超过一半的样本农户需要这些农技服务，说明这些服务也是农户较为迫切需要的，为此应该重点供给这些农技服务。属于一般需求强度区间的服务，对于农业生产产量的影响相对较小，其作用可能多在产品安全和产量提升等方面，因此，农户对这些农技服务的需求相对较低。

低需求强度区间，高产高效技术示范、农药技术政策宣传、农药残留检测、重金属污染检测、土肥检测、种子质检、农机质检以及水资源管理服务属于低需求强度区间，即表达这些服务需求的农户比例较少。具体而言，高产高效技术示范、农业技术政策宣传、水资源管理服务的需求比例相对较高，对这些服务类型要做适当减少供给。而农药残留检测服务、重金属检测服务、种子质检服务以及农技质检服务的需求比例在 20% 左右，说明样本农户对这几类农技服务的需求甚少，在考虑供给有效性和针对性的基础上，应该重点调减对这些服务的供给力度，其可能的原因是，一方面可能是由于样本农户对安全食品生产缺乏足够的认识；另一方面，可能是这些服务的宣传和供给相对较少，也会影响农户需求表达的积极性，综合这两种原因使得农户对检测类服务的需求表达较少。

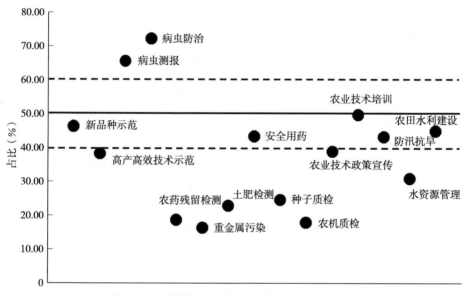

图 5 - 3　不同类型公益性农技服务需求强度区间

注：根据调研问卷整理所得。

5.2.2　不同种植规模农户对公益性农技服务需求表达结构分析

与前文类似，本研究将不同种植规模农户反馈的公益性农技服务的需求层次进行了划分，具体结果见图 5 - 4。

对种植大户而言，高需求强度区间中主要有病虫测报、病虫防治以及农业技术培训服务，这 3 类农技服务的需求表达比例均高于 60%。新品种技术示范、高产高效技术示范、安全用药、农业技术政策宣传、防汛抗旱以及农田水利建设服务则归属于一般需求强度区间，其需求表达比例多集中在 50% 左右。其他服务类型则归属于低需求强度区间，其需求表达则低于 40%。优先对病虫测报、病虫防治以及农业技术培训服务进行供给。重点对第二个需求层次中的新品种技术示范、高产高效技术示范、安全用药、农业技术政策宣传、防汛抗旱以及农田水利建设服务进行供给。最后，对农药残留检测、土肥检测、种子质检、农机质检以及水资源管理服务需要适当调减供给力度。

　　对普通小农户而言，高需求强度区间中主要有病虫防治服务，其需求表达比例超过了 60%。病虫测报和新品种技术示范服务的需求表达比例在 40%～60%，归属于一般需求强度区间。其他服务的需求表达比例都低于 40%，属于低需求强度区间。首先，应该优先供给病虫防治服务。其次，重点对病虫测报和新品种技术示范服务进行重点供给，以满足半数及以上农户的需求。最后，适当调减对低需求强度区间中的公益性农技服务供给，重点调减对农药残留、土肥检测、种子质检以及农机质检服务的供给力度。

　　通过以上分析来看，不论是种植大户还是普通小农户，都应该重点供给病虫防治服务，并在新品种技术示范服务和农田水利建设服务方面给予重视，以保证绝大多数种植农户都能获得这些技术服务支持。

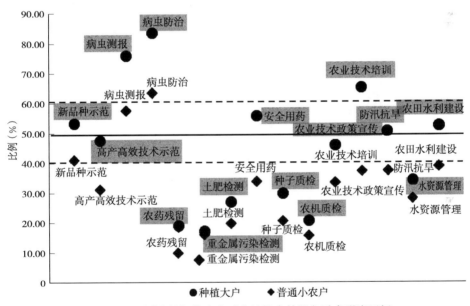

图 5-4　不同种植规模农户对公益性农技服务需求强度区间

注：根据调研问卷整理所得，对种植大户的公益性农技服务名称以灰色阴影标注进行区别显示。

5.2.3　不同区域农户对公益性农技服务需求表达结构分析

　　通过对不同区域公益性农技服务需求表达状况进行分析，具体见图 5-5。不同区域农户对公益性农技服务需求存在差异，应该因地制宜进行公益性农技服务供给。

　　对湖南省而言，病虫防治和病虫测报服务位于高需求强度区间，说明农户对这两项公益性农技服务表达尤为强烈。一般需求强度区间，农户对新品种技术示范、安全用药、农业技术培训、防汛抗旱以及农田水利建设服务的需求表达较为强烈,对于以上服务,农户的需求表达比例多集中在50%左右。而高产高效技术示范、农业技术政策宣传、水资源管理、农药残留检测、重金属检测、土肥检测、种子质检以及农机质检服务的需求表达相对较少,则属于低需求强度区间。

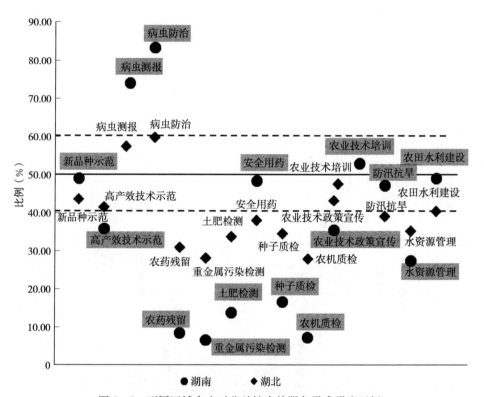

图5-5 不同区域农户对公益性农技服务需求强度区间

注:根据调研问卷整理所得,对湖南省的公益性农技服务名称以灰色阴影标注进行区别显示。

应该优先对病虫防治和病虫测报服务进行供给,重视新品种技术示范、安全用药、农业技术培训、防汛抗旱以及农田水利建设服务,以保证样本农户的需求。最后,对高产高效技术示范、农业技术政策宣传以及水资源管理服务的供给力度进行适当调减,对农药残留检测、重金属检测、土肥检测、种子质检以及农机质检服务供给力度进行大力度调减,或者是采取措施提高农户对这些服务的认知,以此减少公共资源在这些服务供给中的浪费。

对湖北省而言,病虫防治服务属于高需求强度区间。新品种技术示范、高产高效技术示范、农业技术政策宣传、农业技术培训以及农田水利设施建设服务的需求表达比例集中在40%~60%,归属于一般需求强度区间。低需求强度区间的公益性农技服务主要有农药残留、重金属污染检测、土肥检测、种子质检、防汛抗旱以及水资源管理服务，农户对这些服务的表达比例多集中在30%~40%。

应该优先对病虫防治服务进行供给，并重视新品种技术示范、高产高效技术示范、农业技术政策宣传、农业技术培训的供给，以满足绝大多数样本农户的需求。对于其他公益性农技服务类型而言，应该适当调减供给力度，但是也要保证一定的供给，以保证1/3以上的样本农户的需求。

5.3 本章小结

（1）公益性农技服务需求表达重点。依据农户需求表达重点分析，农户最需要的是病虫测报服务和病虫防治服务，接近有一半的农户表达了对新品种技术示范服务、安全用药服务、农业技术培训服务、防汛抗旱服务以及农田水利建设服务的需求。对农药残留检测服务、重金属检测服务、农机质检服务方面，农户需求表达的行为极少。

对不同规模种植农户的公益性农技服务需求表达重点进行分析，发现种植大户对病虫测报服务、病虫防治服务以及农业技术培训服务进行需求表达的农户比例最高，需求表达比例均超过了60%。对新品种技术示范服务、高产高效技术示范服务、安全用药服务、农业技术政策宣传服务、防汛抗旱服务以及农田水利建设服务需求相对较高，有需求表达行为的农户占比在50%左右。对农药残留检测服务、重金属污染检测服务、土肥检测服务、种子质检服务、农机质检、水资源管理服务的需求较少，在多数服务类型中有需求表达行为的农户比例多低于30%。对普通小农户而言，对病虫害测报服务和病虫防治服务的需求尤为重视。对于其他服务类型的需求较少，农户需求表达比例都在50%以下，且多数集中在30%左右。通过对比分析，不同种植规模的农户在公益性农技服务需求表达中各具重点，在新品种技术示范服务、病虫测报服务、病虫防治服务、安全用药服务、农业技术政策宣传、防汛抗旱服务以及农田水利设施建设服务方面，种植大户需求表达比例远远超过普通小农户需求表达比例。在农药残留检测服务和重金属污染检测服务方面，种植大户和普通小农户之间的需求状况较为一致。

对不同区域农户公益性农技服务表达重点进行分析，可以发现湖南省农户对病虫测报服务和病虫防治服务的需求表达最为强烈，对新品种技术示范服务、安全用药服务、农业技术培训服务、防汛抗旱服务以及农田水利设施建设服务需求表达的积极性也较高，对这些服务而言，有需求表达行为的农户比例多集中在50%左右。对于其他服务而言，尤其是农药残留检测、重金属污染检测以及农机之间服务，有需求表达行为的农户比例极小。与此同时，研究还发现，湖北省农户对病虫测报服务和病虫防治服务的需求表达更为强烈，对其他公益性农技服务的需求比例比较一致，农户需求表达比例多集中在30%～50%。最后，通过对比两省公益性农技服务需求表达重点，在新品种技术示范服务、安全用药服务、农业技术培训服务、高产高效技术示范服务、农业技术政策宣传服务、水资源管理服务方面，两省的农户需求表达比例差距较小。湖北省样本农户对绝大多数公益性农技服务都存在一定的需求，而湖南省农户则对农药残留检测服务、土肥检测服务、种子质检服务以及农机质检服务的需求表达的积极性非常低。

（2）通过对公益性农技服务需求表达结构分析，发现病虫测报服务和病虫防治服务属于高需求强度区间，新品种技术示范服务、安全用药服务、农业技术培训、防汛抗旱服务以及农田水利建设服务则归属一般需求强度区间。在低需求强度区间中，主要有高产高效技术示范、农药技术政策宣传、农药残留检测、重金属污染检测、土肥检测、种子质检、农机质检以及水资源管理服务。

对种植大户而言，高需求强度区间中主要有病虫测报、病虫防治以及农业技术培训服务。新品种技术示范、高产高效技术示范、安全用药、农业技术政策宣传、防汛抗旱以及农田水利建设服务则归属于一般需求强度区间，其他服务类型则归属于低需求强度区间，其需求表达则低于40%。对普通小农户而言，高需求强度区间中主要有病虫防治服务，其需求表达比例超过60%。病虫测报和新品种技术示范服务的需求表达比例在40%～60%，归属于一般需求强度区间。其他服务的需求表达比例都低于40%，属于低需求强度区间。

对湖南省而言，病虫防治和病虫测报服务位于高需求强度区间，说明农户对这两项公益性农技服务表达尤为强烈。一般需求强度区间，农户对新品种技术示范、安全用药、农业技术培训、防汛抗旱以及农田水利建设服务的需求表达较为强烈，对于以上服务，农户的需求表达比例多集中在50%左右，其他服务则属于低需求强度区间。

对湖北省而言，病虫防治服务属于高需求强度区间。新品种技术示范、高产高效技术示范、农业技术政策宣传、农业技术培训以及农田水利设施建设服务的需求表达比例集中在40%～60%，归属于一般需求强度区间，其他服务的表达比例多集中在30%～40%，则归属为低需求强度区间。

6 农户需求表达对公益性农技服务可得性的影响分析

我国农技推广体系改革虽然取得显著成就，但农业技术供需矛盾依然比较突出。农业技术供给内容、供给形式等不能满足农户需求（孔祥智、楼栋，2012；周波，2009），尤其在公益性农技服务中，政府推广的技术与农户实际需求之间存在很大差距（赵玉姝等，2015）。这可能是由于农业技术供给主体和需求主体之间信息不对称，农户需求表达机制不健全，农户只能被动地接受既定服务所导致的。要改善现有公益性农技服务，从农户需求表达视角寻找解决之道显得尤为重要（李莎莎，2015；毕颖华，2016）。

如何从需求表达视角破解公益性农技服务的供需不匹配状况呢？破解农技服务的供需矛盾，解决农技服务供需不匹配问题，考查农技服务的可得性是基础。农技服务可得性是检验农技服务供给有效性的重要手段。若农技服务需求主体对农技服务可得性不高，那么农技服务供给者对农技服务供给投入再多，也难以改善农技服务供给的有效性，还会导致资源的浪费，更会影响农技服务在农业发展中作用的发挥。农技服务可得性是检验农技服务需求是否得到满足的重要条件。即使农户需求非常强烈，农户不能获得服务支持，其服务需求将不会得到满足，进而会影响农户需求的积极性，也会加剧农技服务供需矛盾。因此，分析农技服务可得性对农技服务解决供需矛盾、促进农业的可持续发展都具有重要的意义。

鉴于此，本部分将在厘清公益性农技服务可得性现状的基础上，首先，检验需求表达与公益性农技服务可得性之间是否存在较为明显的影响关系，其次，在分析农户需求表达对公益性农技服务可得性影响机理的基础上，进一步检验农户需求表达对公益性农技服务可得性的影响路径，为从农户需求表达视角寻求改善公益性农技服务可得性的方案提供理论基础。

6.1 公益性农技服务的可得性现状分析

由于调研数据是一年的截面数据，难以反映时间趋势上的变化，而对于农田水利建设技术服务而言，由于其服务的复杂性，其服务反馈周期可能远远超过一年，因此，在分析公益性农技服务可得性时，将农田水利建设服务剔除，以减少由于该类服务特征而导致的研究结论差异。

在分析公益性农技服务可得性时，本研究首先对不同类型公益性农技服务的可得性进行考查，以了解现有公益性农技服务供给的重点和方向。其次，分析了不同种植规模农户和不同区域农户公益性农技服务可得性，以厘清公益性农技服务在不同人群和不同区域之间供给的重点和差异，为更好把握公益性农技服务的可得性现状及改善公益性农技服务可得性提供现实基础。

6.1.1 不同类型公益性农技服务可得性情况

在调研公益性农技服务可得性状况时，为避免调研偏差，本研究对基层农技推广站和经销商以及合作社进行了部分访谈，了解公益性农技服务的可得性整体状况。首先，通过分析不同类型农技服务的可得性状况可知，病虫测报服务、病虫防治服务、农业技术政策宣传服务、农业技术培训服务以及新品种服务的可得性比例处于较高的水平，其可得性水平在70%～90%。具体而言，分别有83.01%、86.73%、72.01%、76.05%和68.45%的农户表示有服务组织供给病虫测报、病虫防治、农业技术政策宣传、农业技术培训以及新品种服务（表6-1）。由此可见，现有农技推广组织主要集中提供病虫测报、病虫防治、政策宣传以及技术培训服务。

其次，高产高效技术示范、安全用药检测、防汛抗旱、农田水利建设以及水资源管理服务可得性水平保持在一个相对较高的水平，可得性比例在50%左右。具体而言，根据受访农户的调研结果统计可知，高产高效技术示范服务的可得性比例为54.37%，安全用药检测服务的可得性比例为53.88%，防汛抗旱服务的可得性比例也较为接近，有55.66%的受访农户表示有组织提供该项服务。农田水利建设服务的可得性比例则为53.56%，对于水资源管理服务，有49.35%的农户表示有组织提供该项服务。由此说明，现有农技服务组织对于高产高效技术示范、安全用药检测、防汛抗旱、农田水利建设以及水资源管理服务的供给水平一般，但是也满足了至少一半农户的需求，这些农技服务在农业生产中也发挥着举足轻重的作用。

最后，对于土肥检测、农药残留检测、重金属污染检测、种子检测以及农机检测服务，可得性状况不容乐观，其可得性比例在20%～30%。根据统计结果显示，对于土肥检测服务，有32.04%的受访农户表示该类服务有服务组织提供。对于农药残留检测服务，只有25.89%的农户表示有服务组织提供该项服务。对于重金属污染服务，只有20.55%的农户表示有服务组织提供该项技术服务。对于种子检测服务，有32.36%的农户表示有组织提供这类服务，仅仅只有23.95%的农户表示有组织提供农机检测服务。这可能由于这些检测类服务需要一定的检测设备来提供农技服务，其服务的供给存在一定的难度。

因此，这些农技服务对于农户而言，其可得性较低。

表 6 - 1　样本农户对不同公益性农技服务的可得性状况

服务类型	新品种示范	高产高效技术示范	病虫测报	病虫防治	农药残留	重金属污染	土肥检测	安全用药	种子质检	农机质检	政策宣传	技术培训	防汛抗旱	水资源管理
可得（户）	423	336	513	536	160	127	198	333	200	148	445	470	344	305
比例（%）	68.45	54.37	83.01	86.73	25.89	20.55	32.04	53.88	32.36	23.95	72.01	76.05	55.66	49.35
不可得（户）	195	282	105	82	458	491	420	285	418	470	173	148	274	313
比例（%）	31.55	45.63	16.99	13.27	74.11	79.45	67.96	46.12	67.64	76.05	27.99	23.95	44.34	50.65
合计（户）	618	618	618	618	618	618	618	618	618	618	618	618	618	618
比例（%）	100	100	100	100	100	100	100	100	100	100	100	100	100	100

注：根据调研问卷整理所得，由于篇幅有限，部分服务名称进行了缩减。

6.1.2　不同种植规模农户对公益性农技服务可得性的反馈情况

随着农业不断发展，农业经营者主体不断分化，现有公益性农技服务针对不同的生产经营主体的供给策略也进行了调整和分化。鉴于此，本研究将样本农户依据其生产规模划分为种植大户（种植面积大于或等于50亩）和普通小农户（种植面积小于50亩），分别考查不同种植规模农户的公益性农技服务的可得性。

首先，对于种植大户而言，在新品种技术示范服务、病虫测报服务、病虫防治服务、安全用药服务、农业技术政策宣传和农业技术培训服务方面的可得性最好，其可得性比例分别为72.99%、89.05%、91.24%、67.88%、81.39%和85.77%。种植大户对农药残留检测服务、重金属污染检测服务、土肥检测服务、种子质检服务和农机质检服务的可得性最差，可得性比例都低于40%。其他服务类型的可得性比例都在50%左右，其可得性相对较好。

其次，对于普通小农户而言，对病虫测报服务和病虫防治服务的可得性最好，分别有89.05%和91.24%的农户表示可以得到这两项服务支持。在新品种技术示范、病虫测报、病虫防治、农业技术政策宣传、农业技术培训、防汛抗旱、水资源管理服务方面，其可得性基本保持在50%左右。而在农药残留检测服务、土肥检测服务以及农机质检方面的可得性不容乐观，其可得性都在30%以下。

通过对比这两类农户的公益性农技服务可得性的情况，发现除了防汛抗旱服务和水资源管理服务外，在其他服务类型中，种植大户的公益性农技服务的可得性状况要好于普通小农户的可得性状况，尤其是在土肥检测服务、安全用药服务、政策宣传服务以及技术培训服务方面，种植大户的比例要远远高于普通小农户的可得性比例。具体而言，种植大户在土肥检测服务、安全用药服务、政策宣传服务以及技术培训服务方面，分别有 38.32%、67.88%、81.39%、85.77% 的农户表示能够获得服务支持，而对普通小农户而言，分别有 27.03%、42.73%、64.53%、68.31% 的农户能够获得这些服务支持（图 6-1）。这在一定程度上可以说明，种植大户在这些农技服务方面，享受到了更多的支持和服务，而普通小农户则在这些方面享受的农技服务则相对较少。在防汛抗旱服务和水资源管理服务方面，普通小农户的可得性状况要好于种植大户的可得性，其原因可能有两个方面，一是由于本研究中大户样本少于普通小农户的样本量，二是某些地区村集体或者合作社为普通小农户提供了这些服务，使得普通小农户反馈可以获得服务支持的比例相对较高。

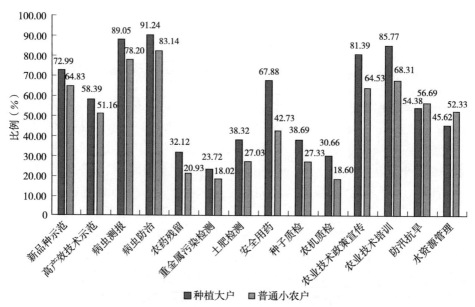

图 6-1　不同规模种植户对公益性农技服务的可得性比例对比

注：根据调研问卷整理所得。

6.1.3　不同区域农户公益性农技服务可得性的反馈情况

由于湖南和湖北农技推广体系存在差异，以及区域发展环境也存在差异，因此有必要将两省的农技服务可得性状况进行对比分析（图 6-2）。

首先，对于湖北省农户而言，新品种技术示范服务、高产高效技术示范服务、病虫防治服务、病虫害测报服务、政策宣传服务、技术培训服务、防汛抗旱服务以及水资源管理服务的可得性状况最好，这些服务类型的可得性均超过了 60%。对其他农技服务类型而言，能够得到服务支持的农户比例多在 50% 以下。

其次，对于湖南省农户而言，在新品种技术示范、病虫测报、病虫防治、农业技术政策宣传以及农业技术培训服务的可得性最好，分别有 69.73%、89.49%、94.89%、75.08% 和 76.28% 的农户表示可以得到以上服务支持。对于其他服务类型而言，表示能够获得服务支持的农户比例都在 50% 以下，对于农药残留检测服务等检测类服务而言，仅仅有不足 30% 的农户表示能够获得这些服务支持，重金属污染检测服务的可得性最低，只有 13.21% 样本农户能够获得该项服务支持。

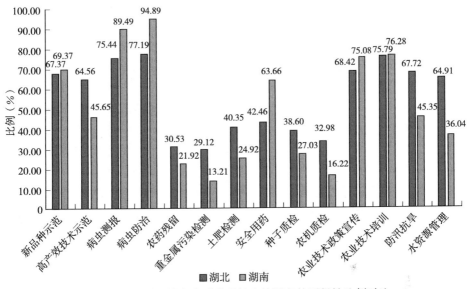

图 6-2　不同区域农户对公益性农技服务的可得性比例对比

注：根据调研问卷整理所得。

通过对比发现，一方面，湖南省农户在新品种服务、病虫测报服务、病虫防治服务、安全用药服务、农业技术政策宣传服务、农业技术培训服务方面的可得性状况要好于湖北省的可得性状况。具体而言，在新品种服务、病虫测报服务、病虫防治服务、安全用药服务、农业技术政策宣传服务、农业技术培训服务类型中，湖南省的可得性比例分别比湖北省可得性比例高出 2 个百分点、14.05 个百分点、17.7 个百分点、21.2 个百分点、6.66 个百分点、0.49 个百分点。由此可见，湖南省农户更容易获得病虫测报服务、病虫防治服务以及安全用药服务支持，对于其他服务类型，湖南省农户与湖北省农户可得性状况较为相似。另一方面，湖北省农户在高产高效技术示范服务、农药残留检测服务、重金属污染检测服务、土肥检测服务、种子质检服务、农机质检服务、防汛抗旱服务、水资源管理、农田水利设施建设服务方面可得性状况要好于湖南省。在湖北省，可以获得高产高效技术示范服务、农药残留检测服务、重金属污染检测服务、土肥检测服务、种子质检服务、农机质检服务、防汛抗旱服务和水资源管理服务支持的农户比例分别为 64.56％、30.53％、29.12％、40.35％、38.60％、32.98％、67.72％、64.91％，农户占比分别比湖南省农户占比高 18.91 个百分点、8.61 个百分点、15.91 个百分点、15.43 个百分点、11.57 个百分点、16.76 个百分点、22.37 个百分点、28.87 个百分点。

6.2　农户需求表达对公益性农技服务可得性的影响机理

基于公共物品需求表达理论，公共物品由于其自身属性，使得公共物品供给和需求难以做到像私人物品一样可以在市场上自由交易。自由交易市场尚未建立，阻碍不同主体之间的信息沟通，不利于公共资源的自由流通和合理分配，容易激发需求者和供给者之间的矛盾，也会导致供给效率低下，因此使得公共物品容易出现低效率的供给和需求的不匹配现象（Sproule-Jones and Hart，1973；涂圣伟，2010；罗芳等，2014）。为避免出现公共资源低效配置，设计有效的、可靠的公共物品个人偏好表达机制显得十分必要，这种机制能像私人产品竞争市场一样发挥作用（Sproule-Jones and Hart，1973；刘书明，2016）。这种机制不仅能为需求者提供意愿表达的机会，而且为供给者和公共管理者获取公民需求偏好提供了一种有效的途径（Thomas and Melkers，1999），有利于架起公共服务供给方和需求方之间的沟通桥梁，从而提高供给效率和供给质量（涂圣伟，2010）。

那么需求表达如何影响公共物品的供需状况呢？一些学者集中探讨了需求或者需求表达与公共物品供需状况的关系，认为公共物品的供给要以需求主体的需求为基础，或者要以需求主体的需求表达为依据，为供给者做决策提供参考。需求表达是实现公共服务有效供给的前提和基础，需求主体是否表达是发挥这一要素作用的重要前提。农民群体中的绝大部分并不善于表达，已经养成了沉默的习惯，更不会积极带动周围的农户一起表达，而是被动地接受现状（邓念国、翁胜杨，2012），使得部分需求表达主体难以表达自己的需求，这样也会增加需求信息搜集的难度。需求主体是否表达服务需求，对于农技服务供给主体搜集需求信息和识别有效需求具有重要的影响。

需求主体在进行需求表达时，会表现出不同的偏好选择，即表达方式、表达渠道以及表达对象会出现差异。例如李义波（2004）研究表明农村居民对道路建设与维护、义务教育、基本医疗服务等基本性公共物品的偏好强度高于水土治理和环境保护、基础设施建设等非基本性公共物品。农户在进行不同类型农技服务需求表达时，会选择不同的表达对象和表达渠道。刘义强（2006）通过对农户需求表达对象进行分析发现，以病虫防治为例，超过 70.6％的农民选择向其他有经验的村民了解解决办法，有 15.6％的农户选择向县乡农技站和农技员咨询解决，还有通过其他途径解决的占一成多。

　　表达渠道、方式以及对象的差异也会影响农技服务供需状况。对不同的表达对象而言，得到的反馈效果存在差异，在农业社会化服务供给主体选择中，农户对营利性服务组织或者非营利性服务主体选择存在偏好差异（李容容等，2015），非营利组织作为一种新型的表达途径，能够弥补弱势群体的表达不足，能够更好地表达需求主体真实需求（张宇，2011）。有研究表明，农民利益表达群体的规模会影响表达效果，进行集体合作的表达往往比个体单独表达具有更强的说服力，也会取得更好的反馈效果（万红斌，2016）。个人理性并不是集体理性的充分条件，个体行为并不会向集体行为转化，集体不行动才是自然结果（奥尔森，1995）。此外，通过大众媒体或代表人物的表达方式进行表达，公共物品供给效率的改进也应采取不同的措施（涂圣伟，2010）。有学者进一步分析了需求表达渠道的作用，研究显示，对新品种服务而言，主要表达渠道为广播、电视以及农业企业，占比达到45.8%。其他组织也发挥重要的作用，例如新闻媒体、农业企业等（刘义强，2006），由此可见，表达渠道、表达方式以及表达对象的选择差异会影响公共物品的供给状况。

　　根据以上分析，农户需求表达对公益性农技服务供需状况的影响必须基于需求表达决策，并选择合适表达方式、有效的表达渠道以及有针对性的对象进行表达，才能得到需求反馈，最后才能使得供给者根据需求信息调整供给策略，从而改善现有供需不匹配的状况。在本研究中，主要运用公益性农技服务可得性来体现服务供给的有效性。因此，本研究认为需求表达决策虽然会直接影响公益性农技服务可得性，但是也会通过其他因素来间接影响农技服务可得性。具体而言，在农户需求表达决策一致的情况下，选择不同的表达方式也会影响农技服务可得性状况；在农户需求表达决策一定的条件下，选择不同的表达渠道也会影响农技服务可得性状况；此外，在需求表达决策一定的情况下，选择不同的表达对象会影响农技服务的可得性，具体影响路径见图 6-3。

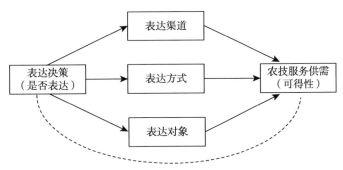

图 6-3　农户需求表达对公益性农技服务可得性的影响机理分析

6.3 农户需求表达对公益性农技服务可得性的影响关系检验

6.3.1 模型构建

(1) 需求表达与公益性农技服务可得性的关系检验模型

本文首先构建需求表达对公益性农技服务可得性的影响模型，整体检验样本农户是否具有需求表达行为与公益性农技服务可得性的关系，构建回归模型如下：

$$Y_i = \beta_0 + \beta_i r_i + \sum_{l=1}^{m} \beta_l x_{il} + \varepsilon_1 \tag{1}$$

式中，Y_i 表示农户 i 的公益性农技服务可得性；β_0 表示常数项；r_i 表示样本农户是否有表达农技服务的行为，有表达行为取值为 1，没有表达行为取值为 0；β_i 表示是否具有表达行为变量的回归系数；x_{il} 表示控制变量，主要包括户主年龄、户主受教育程度、户主务农年限、户主个人身份、种植面积、农业收入占比、农业劳动力数量、提高种植技能、增加农业收入以及所在省份共 11 个变量；β_l 表示各个控制变量的回归系数。

(2) 需求表达对公益性农技服务可得性的影响模型

在这个模型中，剔除了完全没有表达行为的样本农户，进一步对具有表达行为的农户样本进行分析。对这部分农户而言，对于不同类型的农技服务其需求表达也会存在偏好，可能在某些服务类型中，有表达自己的需求，但是在另外一些服务方面，则没有表达自己的农技服务需求，鉴于此，本研究将进一步考查需求表达对公益性农技服务可得性的影响路径。重点考查了表达决策、表达方式、表达渠道以及表达对象的变量对公益性农技服务可得性的影响，并构建回归模型如下：

$$Y_i = \beta_0 + \sum_{j=1}^{n} \beta_j x_{ij} + \sum_{l=1}^{m} \beta_l x_{il} + \varepsilon_1 \tag{2}$$

式中，Y_i 表示农户 i 的公益性农技服务可得性；β_0 表示常数项；β_j 为自变量的回归系数；x_{ij} 表示影响农户 i 农技服务可得性的第 j 个自变量，即表达决策、表达方式、表达渠道以及表达对象，其中对于表达决策变量的测量，由于本研究的各项服务特性的相似性，其表达决策具有一定的相似性，为避免研究的重复性，本研究将 14 项农技服务划分为新技术推广示范服务、病虫防治服务、投入品检测服务、防灾减灾服务以及技术宣传培训服务五大类农技服务类型，具体划分见变量说明，在某类农技服务中样本农户至少表达一项服务需求，即认为表达了该类农技服务，如果对于多项服务都没有进行表达，则认为没有表达该类农技服务。x_{il} 表示控制变量，主要包括控制户主个体特征影响的户主年龄、户主受教育程度、户主务农年限、户主个人身份变量，控制生产经营特征影响的种植面积、农业收入占比、农业劳动力数量变量，控制农户农技服务认知影响的提高种植技能，增加农业收入变量，最后还控制地理区位的影响的所在省份变量，β_i 表示各个控制变量的回归系数。

6.3.2 变量说明

本研究在检验需求表达行为对公益性农技服务可得性影响的基础上，进一步分析了具体不同类型农技服务的表达决策、表达方式、表达渠道以及表达对象对公益性农技服务可得性的影响，其主要的核心变量指农户需求表达相关的要素，具体见表 6-2 中的说明。此外从农户个体特征、生产经营特征、农户农技服务认知以及地理区位 4 个方面选取控制变量来控制这些方面的影响，变量测量问项见表 6-2，其中表达行为是整体样本农户的行为，样本量为 618个，其他变量样本数则为剔除没有需求表达行为的农户行为样本，为 502 个。因此，变量的均值、方差与整理样本均值方差不一样。

(1) 核心自变量

①表达行为是表达渠道、表达方式以及表达对象选择的前提条件，也是进一步分析表达影响机理的基础。对于需求表达行为测量而言，农户表示有咨询农技服务则认为该农户有需求表达的行为，如果没有咨询过农技服务，则认为没有需求表达行为。

②可得性。主要是采用可得性程度进行测算。本研究在描述性分析中，已经对不同公益性农技服务的可得性进行了统计，对不同类型公益性农技服务的可得性有了清晰的了解。为更好把握公益性农技服务可得性整体状况，了解公益性农技服务需求得到满足的状况，本研究则进一步测算了公益性农技服务的整体可得性，主要采用比例来测算，即在本研究考查的 14 种主要的公益性农技服务中，农户可以得到几种农技服务，其所占的比例则为本研究所考查的公益性农技服务的可得性，以此来反映公益性农技服务的整体可得性，也可以在一定程度上反映出我国公益性农技服务的供给水平。

③对于需求表达决策而言，本研究主要考察的农技服务类型有新品种服务、高产高效技术示范、病虫测报服务、病虫防治服务、农药残留检测服务、重金属污染检测服务、土肥检测服务、安全用药服务、种子质检服务、农机质检服务、政策宣传服务、技术培训服务、防汛抗旱服务、水资源管理服务共14 项。由于这些服务中服务特性存在一定的相似性，并且不同服务类型，农户的需求表达偏好存在差异，因此将服务进行分类处理，以减少重复性的工作。因此本研究主要依据14 项特性和服务目的出发，将服务特性和服务目的具有相似性的服务划分为一类。具体而言，由于新品种技术示范服务和高产高

效技术示范服务，都是提高种植产量产出的服务，因此将其归类为新技术推广示范服务；病虫防治服务和病虫测报服务以防治病虫害为目的，因此归为病虫防治服务；重金属污染检测服务、农药残留检测服务、土肥检测服务、安全用药服务、种子质检服务、农机质检服务都是检测类农技服务，多与农业生产环节的投入品相关，以保证产品安全提供的服务，因此将这些服务归为投入品检测服务；农业技术政策宣传服务主要以宣传技术为主，与农业技术培训服务相似，都是与农业技术推广相关的服务，因此将这两类服务划分为技术宣传培训服务；防汛抗旱服务、水资源管理服务，都是以防范水旱灾害为目的，为保障农业生产的水条件，因此将这些服务划分为防灾减灾服务。根据分类情况，将只要表达了分类服务中的某一项服务即认为该农户有表达这类服务。

④需求表达方式主要从个人表达和集体表达两个方面来测量。对于表达方式主要是从考查表达对象的规模出发，单个个体的表达与集体表达其表现出来的表达效果存在差异，因此本研究将需求表达方式划分为个体表达和集体表达，以此来了解不同表达方式对公益性农技服务可得性的影响。

⑤需求表达渠道主要从制度化表达和非制度化表达来测量。对于制度化表达渠道，主要是将通过向村组织、党组织、人大代表以及信访等制度体系相关的组织表达的途径称为制度化表达渠道，其他向媒体、合作社、网站以及个人等表达的渠道称为非制度化表达渠道。表达渠道的畅通与否直接关系到需求表达信息是否能够顺利传递给农技服务供给者，制度化的表达渠道与非制度化的表达渠道在需求信息传递中发挥的作用存在差异，不同表达渠道信息传递效果也存在差异，进而会影响农技服务供给者信息的有效识别。

⑥表达对象，依据表达对象是否具有营利性属性进行划分，将不具备营利性目的的服务主体定义为非营利性服务组织或人员，将以营利为目的的服务主体定义为营利性推广组织或个人。以非营利为目的的组织，其肩负着公益性的职能和义务，但是服务供给动机不足，也会影响这些服务组织对农户需求的重视情况。而对于营利性服务组织，以追求利润为目的，虽然也会注重相关公益性服务的提供，但是多和营利性服务捆绑，势必会对公益性农技服务的服务效果和供给的积极性造成一定的影响。因此，农户选择对不同服务组织表达自己的农技服务需求，其可能得到的服务供给会因为服务组织的属性而存在差别，也会影响需求双方和供给双方的需求和供给匹配实现的程度。

（2）控制变量

首先，控制户主年龄、户主受教育程度、户主务农年限以及干部身份表征的个体特征变量；其次，种植特征变量主要控制了农业收入占比、种植面积以及农业劳动力数量变量，在农户公益性农技服务的认知方面，主要对农技服务增加收入以及提高种植技能两个方面的认识来测量，此外，还控制了区域差异的影响。

表 6 - 2　变量含义

选　　项	变量测量	均值	方差
表达行为	是否有表达行为？1＝是，0＝否	0.81	0.39
农技服务的可得性	可得的农技服务数量/总农技服务数量	0.56	0.26
表达决策	是否表达了新技术推广示范类的服务需求？1＝是，0＝否	0.68	0.47
	是否表达了病虫防治类的服务需求？1＝是，0＝否	0.90	0.30
	是否表达了投入品检测类的服务需求？1＝是，0＝否	0.58	0.49
	是否表达了防灾减灾类的服务需求？1＝是，0＝否	0.65	0.48
	是否表达了技术宣传培训类的服务需求？1＝是，0＝否	0.59	0.49
表达方式	主要采用哪种方式表达自己的农技服务需求？1＝个人表达，0＝集体表达	0.82	0.38
表达渠道	主要通过何种渠道表达自己的农技服务需求？1＝制度化渠道，0＝非制度化渠道	0.64	0.48
表达对象	向哪类主体咨询和表达过农技服务需求？1＝非营利性服务组织或人员，0＝营利性推广组织或人员	0.61	0.49
户主年龄	年龄（年）	52.25	9.58
户主受教育程度	受教育年限（年）	8.22	2.89
户主务农年限	务农年限（年）	27.36	14.33
个人身份	是否拥有村干部、党员等其他身份？1＝是，0＝否	0.24	0.43
种植面积	家庭种植面积（亩）	133.26	226.51
农业收入占比	农业收入（元）/家庭总收入（元）	0.69	0.35
农业劳动力数量	家庭农业劳动力数量（个）	1.98	0.86
增加收入	提供的农技服务是否有利于增加农业收入？1＝是，0＝否	3.96	0.75
提高种植技能	提供的农技服务是否有利于提高种植技能？1＝是，0＝否	3.84	0.87
所在省份	1＝湖北省，0＝湖南省	0.36	0.48

6.3.3　模型结果分析

（1）多重共线性检验

本研究进行变量之间的多重共线性检验，以分析变量关系是否适合进行回归分析。检验指标主要是使用方差膨胀因子 VIF 进行检验。现有关于 VIF 检验标准是，当 VIF 的值大于 3 时，变量之间存在较强的共线性，当方差膨胀因子小于 3 时，存在弱相关性。首先，运用本研究适用样本 618 个，检验公益性农技服务可得性与需求表达行为和控制变量之间的共线性检验，结果见表 6 - 3，需求表达行为以及控制变量检验结果方差膨胀因子 VIF 检验结果均位于 1～3 之间，说明可以进行回归分析。其次，剔除没有表达行为样本后的适用样本共502 个，检验结果见表 6-3。通过检验可得性与其他变量之间的共线性检验 VIF 值结果均处于 1～3 之间，说明各个变量是弱共线性关系，适合做回归分析。

表 6-3　模型多重共线性检验

变　　量	容差	VIF	容差	VIF
需求表达行为	0.725	1.380		
是否表达新技术推广示范类服务需求			0.826	1.211
是否表达病虫防治类服务需求			0.926	1.080
是否表达投入品检测类服务需求			0.785	1.274
是否表达技术宣传培训类服务需求			0.731	1.369
是否表达防灾减灾类服务需求			0.820	1.219
表达方式			0.774	1.292
表达渠道			0.862	1.161
表达对象			0.685	1.460
户主年龄	0.474	2.112	0.410	2.441
户主受教育程度	0.782	1.279	0.764	1.308
户主务农年限	0.459	2.178	0.397	2.520
个人身份	0.874	1.144	0.836	1.197
农业收入占比	0.838	1.193	0.752	1.330
种植面积	0.788	1.268	0.769	1.300
农业劳动力数量	0.962	1.040	0.945	1.058
增加收入	0.428	2.334	0.468	2.137
提高种植技能	0.385	2.594	0.371	2.699
所在省份	0.649	1.541	0.614	1.629

（2）需求表达决策对公益性农技服务可得性的影响关系检验

运用回归模型 1 检验农户公益性农技服务需求表达行为与农户公益性农技服务可得性之间的关系，具体结果见表 6-4。模型 F 统计量为 18.019，调整的 R^2 为 0.234，模型通过 1% 的显著性水平检验，说明采取需求表达行为有助于改善公益性农技服务可得性。由此可见，具有不同需求表达行为农户的公益性农技服务可得性具有较大的差异。其可能的原因是农户进行农技服务需求表达，能够得到农技服务供给组织提供的服务反馈，从而改善了农技服务的可得性。

表 6-4 需求表达行为与公益性农技服务可得性的关系检验

变量		模型 1	
		系数	标准差
自变量	表达行为	0.231***	0.029
控制变量	户主年龄	−0.123	0.001
	户主务农年限	0.060	0.001
	户主受教育程度	0.001	0.004
	个人身份	0.069	0.025
	农业收入占比	−0.023	0.027
	种植面积	0.083	0.000
	农业劳动力数量	0.009	0.012
	增加收入	0.027	0.019
	提高种植技能	0.300	0.018
	所在省份	0.127	0.024
	调整的 R^2	0.234	
	F 统计量	18.019***	

为进一步分析需求表达对公益性农技服务可得性的影响，本研究将从需求表达决策、表达方式、表达渠道以及表达对象 4 个方面进一步验证农户需求表达对农技服务可得性的影响，具体结果见表 6-5。根据模型 2 回归结果，农户有表达关于新技术推广示范服务、病虫防治服务、有投入品检测服务、技术宣传培训服务以及防灾减灾服务方面的诉求对公益性农技服务可得性具有正向影响，F 统计值为 23.668，调整的 R^2 为 0.449，模型通过 1% 的显著性水平，表明模型结果较好。需求表达决策、表达方式、表达渠道以及表达对象对公益性农技服务可得性具体影响分析如下：

表 6-5 需求表达对农技服务可得性的影响关系分析

变量		模型 2	
		系数	标准差
自变量	新技术推广示范类服务表达决策	0.148***	4.062
	病虫防治类服务表达决策	0.087**	2.533
	投入品检测类服务表达决策	0.161***	4.292
	技术宣传培训类服务表达决策	0.098**	2.536
	防灾减灾类服务表达决策	0.317***	8.643
	表达渠道	0.102***	2.708
	表达方式	0.079**	2.210
	表达对象	0.105***	2.628

（续）

变　　量		模型2	
		系数	标准差
控制变量	户主年龄	−0.053	−1.024
	户主受教育程度	0.018	0.477
	户主务农年限	−0.005	−0.093
	个人身份	−0.004	−0.104
	种植面积	0.059	1.561
	农业收入占比	−0.065*	−1.700
	农业劳动力数量	0.011	0.318
	增加收入	−0.028	−0.583
	提高种植技能	0.163***	2.995
	所在省份	0.139***	3.288
	调整的 R^2	0.449	
	F 统计量	23.668***	

（3）需求表达对农技服务可得性的回归结果分析

是否表达新技术推广示范类服务在 1% 的统计水平上显著正向影响公益性农技服务的可得性，影响系数为 0.148，说明农户表达新技术推广示范方面的诉求有利于提高整体的农技服务可得性。统计结果也进一步表明有表达新技术推广示范类服务农户的服务可得性均值为 0.630，而对于没有表达新技术推广示范类服务需求的农户而言，其服务的可得性水平为 0.420。农户需求表达更为积极，有利于农技站识别农户的需求，从而在进行新品种推广和新技术示范时，可以结合农户需求，提供有效的技术推广和示范，以解决技术推广和示范与农户需求错位的问题。

是否表达病虫防治类服务需求对公益性农技服务的可得性具有正向影响，影响系数为 0.087，通过 1% 的显著性水平检验，说明农户表达病虫防治服务方面的诉求，有利于提高公益性农技服务的可得性。病虫防治服务是农户需求较为强烈的农技服务，这项服务直接关系到粮食产量和农户收入，因此，农户对这类服务较为关心。并且这类农技服务的供给主体较为丰富，不仅包括农技站还包括农资经销商、新型农业经营主体。可能由于供给组织的丰富多样，农户这方面的诉求都能得到有效的反馈。因此，对于病虫防治服务而言，农户的需求表达容易得到需求反馈，这样将有助于提高需求主体的服务可得性。

是否表达投入品检测服务对公益性农技服务的可得性具有正向影响，在

5%的显著性水平下显著，影响系数为0.161。对于投入品服务而言，主要是关于土肥检测、安全用药、农药残留服务方面的诉求，通过需求表达，会使得以前显示度较低的农技服务需求显性化，有利于农技站等服务组织可以依据农户的需求来提供针对性的农技服务，也能在一定程度上满足农户的需求，从而提高整体的农技服务可得性。

是否表达技术宣传培训类服务诉求对于公益性农技服务可得性具有正向影响。变量通过1%的显著性水平检验，影响系数为0.098，说明农业技术政策宣传和农业技术培训服务的需求表达行为将有利于提高公益性农技服务的可得性。统计结果表示，表达了技术宣传培训服务的农户群体的户均公益性农技服务可得性为0.635，没有表达技术宣传培训服务的农户群体的户均公益性农技服务可得性则为0.424，由此可见，是否有技术宣传培训服务需求表达行为，对公益性农技服务可得性的影响存在明显差异，这可能是由于农户通过表达技术宣传和技术需求服务方面的诉求，一方面需求表达行为可以获得农技服务供给主体提供的一些信息反馈，另一方面，也有利于对农技服务供给主体起到提醒作用，以至于他们能够及时有效地传递农业技术方面的信息，这样可以满足有迫切需要技术培训和技术政策信息的农户群体的技术诉求，从而实现供给和需求的衔接。

是否表达防灾减灾类服务诉求对于公益性农技服务可得性具有正向影响。变量通过1%的显著性水平检验，影响系数为0.317。根据统计结果，农户群体对于水资源管理、防汛抗旱服务的需求较高，农户积极表达这些方面的农技服务，表达比较集中或者表达的次数多了，可能会引起村集体抑或合作社等组织积极加入到这些服务供给组织中来，为农户解决这方面的困难，同样也会有利于农户获取防灾减灾服务。

表达方式对公益性农技服务可得性的影响分析。根据模型2回归结果，表达方式对公益性农技服务可得性具有显著的正向影响，影响系数为0.120，通过1%的显著性水平。结合变量含义，说明个人表达有利于改善公益性农技服务可得性。这可能是由于个人表达方式更具有针对性，有利于农技服务供给主体能够较好地把握需求主体的需求，并且根据需求情况来提供农技服务，从而提高农技服务的针对性。

表达渠道对公益性农技服务可得性的影响分析。表达渠道对公益性农技服务可得性具有正向影响，系数为0.079，通过5%的显著性水平检验。结合变量含义，说明通过制度化渠道表达农业技术服务需求的农户行为有利于改善农户的农技服务可得性。其主要原因是，村组织、党人大代表等制度化渠道，由于体制原因，使得这些主体自身拥有较好的资源，能够充分利用资源为有技术服务需求诉求的农户提供技术服务指导，并且这些主体由于自身身份的缘故，会具有较强的责任感，也会激励这些主体为农户提供技术服务，从而提高农户公益性农技服务整体可得性。

表达对象对公益性农技服务可得性的影响分析。需求表达对象对公益性农技服务可得性影响显著，影响系数为 0.105，且通过 1% 的显著性水平检验。需求表达对象为非营利性服务组织或人员，将有利于提高公益性农技服务的可得性。这可能是以基层农技推广组织为主的非营利性服务组织，其具备一定的责任和义务为有需求的农户提供农技服务。而对于营利性服务组织，则重点关注营利性服务，对于公益性农技服务的供给重视不足，且缺乏供给的动力，因此，农户更愿意向非营利组织表达农技服务，并能在一定程度上需求得到保证。

6.4　农户需求表达对公益性农技服务可得性的影响路径探讨

6.4.1　模型与变量

为深入了解需求表达对公益性农技服务可得性的影响路径，本部分将在分析需求表达决策、需求表达方式、需求表达渠道以及需求表达对象对公益性农技服务可得性影响关系检验的基础上，进一步分析需求表达决策是如何影响农技服务可得性的。根据前文理论分析，需求表达决策会因为表达方式、表达渠道以及表达对象的选择不同，从而影响公益性农技服务可得性。为进一步检验以上路径，本部分采用中介检验模型进行分析。

首先，构建中介效应检验模型，检验表达方式、表达渠道以及表达对象的中介效应。中介效应早期来源于心理学研究，近年来在各个领域得到了广泛的应用。与简单的回归模型相比，中介效应模型可以有效检验自变量与因变量之间的影响路径，能够更好地解释问题。中介效应的检验方法最为流行的是由 Baron 和 Kenny 在 1986 年提出的逐步法，该方法在一定时期得到了广泛的应用，随着研究的不断深入和发展，一些学者对该方法的核心步骤进行了改进和发展（Hayes，2009；Zhao et al.，2010）。对于检验系数乘积步骤而言，有部分研究认为，Sobel 法是更加优于逐步检验法的方法（MacKinnon et al.，2002；温忠麟等，2004），此外还有积分布法、Bootstrap 法和马尔科夫链蒙特卡罗（MCMC）法来检验系数乘积法（Tofighi and MacKinnon，2011；Ntzoufras，2009；Yuan and MacKinnon，2009；Zhao et al.，2010）。以上研究中并未对中介变量是分类变量的情形进行深入地分析和探讨，但是 Iacobucci（2012）在研究中提出了检验变量中有分类变量的中介效应检验方法。其具体的检验步骤如下：

首先，基础回归方程的构建。设 Y 为因变量，X 为自变量，如果 X 通过

影响变量 M，从而影响 Y，则称 M 发挥中介效应。中介效应检验可以用以下 3 个回归方程表示。

$$Y = i + cX + e_1 \qquad (3)$$

$$M = i + aX + e_2 \qquad (4)$$

$$Y = i + c'X + bM + e_3 \qquad (5)$$

式（3）中的 c 为总效应，即自变量 X 对因变量 Y 的影响；式（4）则主要考察中介变量 M 和自变量 X 之间的关系，影响效应由 a 表示；在式（5）中不仅考察控制中介变量 M，还有自变量 X 与因变量 Y 之间的关系。不仅考察控制自变量 X 后，因变量 Y 与中介变量 M 之间的关系，影响效应用 c' 表示，还考察控制变量 M 之后，因变量 Y 与自变量 X 之间的直接影响关系，用 b 来表示。本研究根据研究的实际情况，为进一步控制其他因素影响，在基本回归方程中，加入了控制变量，以此来保证研究结论的可靠性，加入控制变量后的回归方程及中介模型的示意如图 6 - 4 所示。

$$Y_i = \beta_{01} + \sum_{j=1}^{n} c_j x_{ij} + \sum_{l=1}^{r} \beta_l x_{il} + e_2 \qquad (6)$$

$$M_i = \ln\left(\frac{p_i}{1 - p_i}\right) = \beta_{02} + \sum_{j=1}^{n} a_j x_{ij} + \sum_{l=1}^{r} \beta_l x_{il} + e_2 \qquad (7)$$

$$Y_i = \beta_{03} + \sum_{j=1}^{n} c'_j x_{ij} + b_i m_{il} + \sum_{l=1}^{r} \beta_l x_{il} + e_2 \qquad (8)$$

在式（6）中，Y_i 表示农户 i 的供给服务可得性，β_{01} 则为常数项，x_{ij} 为需求表达决策，即新技术推广示范类服务、病虫防治类服务、投入品检测类服务、技术宣传培训类服务以及防灾减灾类服务决策，影响效应由 c_j 表示，n 表示自变量的个数，在该模型中，$n=5$，x_{il} 则表示控制变量对农技服务可得性的影响，即控制户主年龄、户主受教育程度、户主务农年

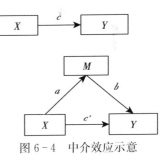

图 6 - 4 中介效应示意

限、种植面积、农业收入占比、农业劳动力数量、提高种植技能、增加农业收入，以及所在省份的影响，r 表示控制变量的个数，在该模型中，$r=10$，β_l 表示控制变量对自变量可得性 Y_i 的影响效应。在式（7）中，M_i 表示中介变量，即农户 i 需求表达方式、表达渠道以及表达对象选择行为，由于这些变量是二分类变量，因此，需要选用二元 logistic 回归模型来进行估计，用 a_j 表示，自变量对中介变量的影响效应，其他变量内涵与式（6）中相同。在式（8）中，c'_j 表示控制中介变量和控制变量后，自变量对因变量的影响效应，m_{il} 则表示中介变量，即需求表达方式、表达对象以及表达渠道，为更好地剥

离中介效应，每次只纳入一个中介变量进行回归，用 b_t 表示影响效应，其他变量含义与式（6）中的变量含义相同。

由于本研究中的中介变量是分类变量，因此采用 Logistic 回归更加合适（温忠麟、叶宝娟，2014；Pregibon，1981）。由于中介变量是二分类变量，再分析自变量对中介变量的影响时采用 logistic 回归模型进行回归，而在检验自变量和中介变量对因变量影响时主要采用线性回归模型，两个系数不在相同的尺度上，因此不具备可比性（方杰等，2017；温忠麟、叶宝娟，2014；Iacobucci，2012）。因此，需要采用一种检验方法，以此来保证系数在同一尺度上进行检验。针对以上说法现有一些学者分析了因变量为分类变量的中介效应检验，多数研究主要借鉴 Iacobucci（2012）提出的检验方法，因此，本研究主要借鉴 Iacobucci 提出的检验方法来检验中介变量为分类变量的中介效应。

Iacobucci（2012）指出，在分析中介变量对因变量的影响时，其回归系数为 b，可以用 t 检验显著性，即 $t = b/SE(b)$，当样本容量的自由度超过 30 时，Z 检验与 t 检验基本可以等同，即 $Z_b = b/SE(b)$。在检验自变量对中介变量的影响时，主要采用 logistics 回归模型，因此，回归系数 a 的检验主要是运用 χ^2 检验，统计量为 $\chi^2 = [b/SE(b)]^2$，其平方根是 $b/SE(b)$，则是一个 t 统计量，因此，将系数 a 和系数 b 转换成 Z_a 和 Z_b 后，其尺度是一样的，因此可以用 $Z_a \times Z_b$ 来检验中介效应。具体计算和判定方式如下，依次计算出下列指标：

$$Z_a = a/s_a, \ Z_b = b/s_b \tag{9}$$

$$Z_{ab} = Z_a Z_b, \ \hat{\sigma}_{Z_{ab}} = \sqrt{Z_a^2 + Z_b^2 + 1} \tag{10}$$

$$Z_{\text{Mediation}} = \frac{Z_{ab}}{\hat{\sigma}_{Z_{ab}}} = \frac{Z_a Z_b}{\sqrt{Z_a^2 + Z_b^2 + 1}} \tag{11}$$

以上公式中的参数，主要是根据上述回归模型得到的参数，其中，a 表示自变量对中介变量的回归系数，在本研究中则为 a_j；b_t 表示中介变量对因变量的回归系数，在本研究中则为 b_t；s_a 和 s_b 分别表示对应的自变量和中介变量的标准误，在本研究中则为 a_j、b_t 的标准误。依据 $Z_{\text{Mediation}}$ 属于正态分布检验中介效应的显著性。在 0.05 的显著性水平下，若 $Z_{\text{Mediation}}$ 的绝对值大于1.96，则表明中介路径显著。

6.4.2 实证结果分析

通过检验需求表达渠道、表达方式以及表达对象的中介效应。具体检验结果见表 6-6。模型 3 主要考察需求表达决策以及控制变量对公益性农技服务可得性的影响，即自变量对因变量的总效应，模型卡方检验值为 26.361，并通过 1% 的显著性水平检验，说明模型拟合效果较好。模型 4、模型 5、模型 6 主要考察将控制变量控制后的农户需求表达决策对需求表达方式、表达渠道及表达对象偏好选择的影响，由于需求表达渠道、表达对象及表达方式是二分类变量，因此用二元回归模型。模型估计结果为 F 统计值和 R^2 统计值，模型 4、模型 5 和模型 6 的 F 统计值分别为 70.612、122.357 和 189.735，都通过了 1% 的显著性水平检验，说明模型拟合效果较好，能较好地检验变量的影响。在模型 7、模型 8 及模型 9 中，分别检验 3 个中介变量与自变量以及控制变量对公益性农技服务可得性的影响，即分别检验需求表达决策与需求表达渠道、表达方式以及表达对象对公益性农技服务可得性的影响，模型统计结果则用伪 R^2 和卡方检验值进行模型结果检验，3 个模型的 Nagelkerke R^2 值通过了 1% 的显著性水平检验，具体回归结果见表 6-6。

表 6-6 需求表达对公益性农技服务供需可得性的影响路径分析

	变量	模型 3	模型 4	模型 5	模型 6	模型 7	模型 8	模型 9
自变量	新技术推广示范类服务表达决策	0.168***	−0.109	0.836***	0.304	0.168***	0.153***	0.163***
	病虫防治类服务表达决策	0.106***	1.166***	−0.672*	1.365***	0.097***	0.111***	0.092***
	投入品检测类服务表达决策	0.166***	0.642**	−0.760***	0.657**	0.160***	0.180***	0.152***
	技术宣传培训类服务表达决策	0.114***	−0.518	1.191***	−0.177	0.119***	0.093***	0.115***
	防灾减灾类服务表达决策	0.306***	−0.651**	−0.124	−0.126	0.313***	0.307***	0.307***
中介变量	表达方式					0.073**		
	表达渠道						0.096**	
	表达对象							0.101**
控制变量	户主年龄	−0.076	−0.024	−0.021	−0.023	−0.071	−0.070	−0.066
	户主受教育年限	0.025	−0.022	0.024	0.082*	0.027	0.022	0.019
	户主务农年限	0.027	0.010	0.043***	0.009	0.024	0.006	0.024
	户主干部身份	0.017	0.195	0.514	0.886***	0.014	0.010	0.007
	种植面积	0.065	−0.001	0.000	0.001*	0.068*	0.064*	0.053
	农业收入占比	−0.056	−0.438	0.716**	0.383	−0.052	−0.065*	0.015
	农业劳动力数量	−0.001	−0.044	−0.149	−0.219*	0.000	0.003	−0.064
	增加收入	−0.015	0.144	−0.164	0.553**	−0.020	−0.010	0.004
	提高种植技能	0.230***	0.266	0.742***	1.052***	0.224***	0.205***	−0.029***
	所在省份	0.105**	−2.032***	0.091	−0.342	0.132***	0.096	0.195***
调整 R^2/Nagelkerke R^2		0.432	0.215	0.297	0.431	0.435	0.438	0.437
F 统计值/卡方检验		26.361***	70.612***	122.357***	189.735***	25.129***	25.392***	23.860***

（1）表达决策、表达方式对公益性农技服务可得性的影响

首先，检验表达方式在表达决策与公益性农技服务可得性之间的中介效应，主要通过计算 Z 值，计算结果见表 6-7。根据 Z 值结果，表达方式在病虫防治类服务表达决策与公益性农技服务可得性之间的中介效应检验结果的 Z 值大于 1.96，表示表达方式在是否表达病虫防治服务需求与公益性农技服务可得性之间的中介效应显著，即说明农户在采取表达病虫防治服务决策之后，采用个人表达方式将有利于提高公益性农技服务的可得性。

表 6-7 表达方式在表达决策与公益性农技服务可得性之间的影响

变　　量	表达方式（Z）	中介效应检验
新技术推广示范类服务表达决策	−0.331	不显著
病虫防治类服务表达决策	2.044	显著
投入品检测类服务表达决策	1.674	不显著
技术宣传培训类服务表达决策	−1.319	不显著
防灾减灾类服务表达决策	−1.725	不显著

以上影响路径用图 6-5 表示如下：

图 6-5 表达方式的中介效应影响路径

（2）表达决策、表达渠道对公益性农技服务可得性的影响

检验表达渠道在表达决策与公益性农技服务可得性之间的影响，Z 值计算结果见表 6-8。根据 Z 值计算结果，表达渠道在新技术推广示范类服务表达决策、投入品检测类服务表达决策以及技术宣传培训类服务表达决策与公益性农技服务可得性之间的中介效应显著，Z 值分别为 2.763、−2.530 和 3.272，绝对值都大于 1.96。其影响结果表示，农户是否表达新技术推广示范类服务对公益性农技服务的可得性具有显著影响，并且还通过选择不同的表达渠道从而来影响服务的可得性。农户是否表达投入品检测类服务需求，对公益性农技服务可得性具有直接的影响，还会通过表达渠道差异间接影响公益性农技服务可得性。此外，对于是否表达技术宣传培训服务需求不仅对公益性农技服务具有显著的影响，还通过需求表达渠道选择的差异而影响公益性农技服务的可得性。

表6-8　表达渠道在表达决策与公益性农技服务可得性之间的影响

变　　量	表达渠道（Z）	中介效应检验
新技术推广示范类服务表达决策	2.763	显著
病虫防治类服务表达决策	−1.581	不显著
投入品检测类服务表达决策	−2.530	显著
技术宣传培训类服务表达决策	3.272	显著
防灾减灾类服务表达决策	−0.520	不显著

以上的影响路径用图6-6表示如下：

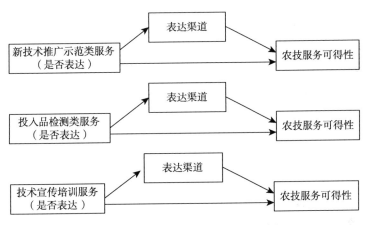

图6-6　表达渠道的中介效应影响路径

(3) 表达决策、表达对象对公益性农技服务可得性的影响

检验表达决策是否通过表达对象的选择传导作用来影响公益性农技服务可得性。本研究计算了不同路径检验上的 Z 值，结果见表6-9。根据 Z 值测算结果，表示表达对象在病虫防治类服务表达决策、投入品检测类服务表达决策与公益性农技服务可得性之间的中介效应检验的 Z 值分别为2.685和2.260，

表6-9　表达对象对表达决策与公益性农技服务可得性之间的影响

变　　量	表达对象（Z）	中介效应检验
新技术推广示范类服务表达决策	1.116	不显著
病虫防治类服务表达决策	2.685	显著
投入品检测类服务表达决策	2.260	显著
技术宣传培训类服务表达决策	−0.634	不显著
防灾减灾类服务表达决策	−0.486	不显著

大于1.96，表示中介效应显著。即农户是否表达投入品检测服务需求不仅对公益性农技服务可得性具有直接的影响，还通过选择不同的表达对象来间接影响公益性农技服务可得性。农户是否表达病虫防治服务需求不仅对公益性农技服务可得性具有直接的影响，还通过选择不同的表达对象来间接影响公益性农技服务可得性。

以上的影响路径用图6-7表示如下：

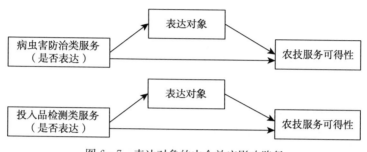

图6-7　表达对象的中介效应影响路径

6.5　本章小结

（1）农户需求表达对公益性农技服务可得性的影响

研究表明公益性农技服务需求表达行为对可得性具有显著的正向影响。具体而言，需求主体有表达新技术推广示范类服务、病虫防治类服务、投入品检测类服务、技术宣传培训类服务、防灾减灾类服务方面的行为，对公益性农技服务可得性具有重要的影响。此外，需求表达渠道、表达方式、表达对象的选择也会影响公益性农技服务可得性。

（2）需求表达决策、表达方式对公益性农技服务可得性的影响

农户是否表达病虫防治服务需求对公益性农技服务可得性具有显著的影响，并且还通过选择不同的表达方式来间接影响公益性农技服务可得性。即说明农户在采取表达病虫防治服务表达决策之后，采用个人表达方式将有利于提高公益性农技服务的可得性。

（3）需求表达决策、表达渠道对公益性农技服务可得性的影响

农户是否表达新技术推广示范服务对公益性农技服务的可得性具有显著的影响，并且还通过选择不同的表达渠道从而影响服务的可得性。农户是否表达投入品检测服务需求，对公益性农技服务可得性具有直接的影响，也还会通过选择不同的表达渠道间接影响公益性农技服务可得性。此外，对于是否表达技术宣传培训服务需求不仅对公益性农技服务具有显著的直接影响，还通过选择不同的需求表达渠道间接影响公益性农技服务的可得性。

（4）需求表达决策、表达对象对公益性农技服务可得性的影响

农户是否表达投入品检测服务需求不仅对公益性农技服务可得性具有直接的影响，还通过选择不同的表达对象来间接影响公益性农技服务可得性。农户是否表达病虫防治服务需求不仅对公益性农技服务可得性具有直接的影响，还通过选择不同的表达对象来间接影响公益性农技服务可得性。

7 农户公益性农技服务需求表达的影响因素分析

在前面章节中，已经证实了农户需求表达在公益性农技服务中具有重要的作用。那么，应该如何提高农户的需求表达？鉴于此，本章节进一步分析影响农户公益性农技服务可得性的因素，运用 UTAUT2 理论，重点绩效期望、努力期望、社会影响、便利条件、享乐动机、沟通成本以及习惯变量对公益性农技服务需求表达的影响，以此来提高农户的需求表达的积极性，改善公益性农技服务供需状况。

7.1 理论分析与变量测度

7.1.1 理论基础

由于需求表达也是农户行为的重要体现，行为研究已经取得了一些较为成熟的模型，例如，Rogers（1995）提出的创新扩散理论（innovation diffusion theory，IDT），Bandura（1986）提出的社会认知理论（social cognitive theory，STC），Vallerand 等（1997）提出的动机模型（motivation model，MM），Thompson 等（1991）在 Triandis（1977）基于 TRA 和 TPB 提出的竞争视角的基础上，应用和改进提出的计算机利用模型（model of PC utilization，MPCU），Viswanath Venkatesh 等（2003）整合这些模型提出了 UTAUT 模型，该模型主要将模型整合成绩效期望、努力期望、社会影响以及便利条件 4 个主要核心变量。在 Viswanath Venkatesh 等（2012）研究中又进一步改进了该模型，将享乐动机、成本因素以及习惯加入模型，提出了 UTAUT2 模型，该理论被广泛运用于消费者技术采纳（Oechslein et al.，2014）、消费者对移动支付的采纳行为（Slade et al.，2013；Morosan et al.，2016）、学习管理软件的接收行为（Raman and Don，2013）等方面的研究。

该理论主要分析绩效期望、努力期望、社会影响、便利条件、享乐动机、沟通成本以及习惯变量对主体行为的影响。该理论主要是分析技术采纳主体行为的模型，而本研究主要是探讨农技服务需求主体的行为，并且农技服务也是技术的表现形式，农户农技服务需求表达行为也是为获取技术服务支持服务的。农技服务需求表达行为是积极主动获取服务的行为表现，而技术接收模型则是被动接收采纳的行为表现，其两者行为目的都是一致的。基于这一认识，本研究将运用 UTAUT2 理论来分析农户农技服务需求表达行为，具有可行性和前瞻性。

7.1.2 变量测度

本研究主要基于该理论模型，选取相关变量来分析影响农户需求表达行为的动机。具体各个变量选择如下，变量说明见表 7-1。

（1）绩效期望

绩效期望主要是需求表达主体在采取需求表达行为时对行为结果带来的收益预期。绩效期望是农户发挥经济理性的基础，也是进行行为决策的判断依据。对于农户需求表达而言，本研究用需求表达有用性认知和得到更多农技服务的机会两个变量来表现绩效期望。

（2）努力期望

努力期望是指需求表达主体对于表达行为进行的努力情况的一个预判。努力是一个比较抽象的概念，有研究表明，付出期望对个体决策有重要的影响（Cimoerman et al.，2016）。本研究主要采用表达容易程度和表达的易掌握性两个变量，如果某项行为完成比较容易，并且也容易掌握，对于需求表达主体而言，则不需要付出更多的努力就可以完成该项行为。

（3）社会影响

社会影响主要考察行为主体受到他人影响的程度。社会因素是个人群体的主观内部化认知，以及在社会环境中，个人与他人之间特定的人际关系（Thompson et al.，1991）。如果行为主体容易受到他人影响，则容易跟随他人做一些行为决策。因此本研究从受影响的对象的不同进行考察，一方面是受重要人的影响程度，这些重要的人必然是自己珍视的，也极有可能是能力比较强，如果行为主体容易受这些人影响，则在行为引导方面可以加强对这些重要主体的行为引导，从而影响周围的农户。另一方面，还考查行为主体是否具有从众心理，是否跟随大众主体来进行行为决策，也能说明行为主体是否受社会影响的重要方面。

（4）享乐动机

享乐动机是指在采取行为中获得的乐趣和快乐，这个因素已经证明了它是影响农户行为的主要因素（Brown and Venkatesh，2005）。享乐动机主要是测量行为决策是否能够给行为主体带来快乐，如果行为能够带来积极的情绪，那么积极情绪会促动行为主体去采取行为。已有研究证明，享乐动机对于技术接收主体行为有直接的影响（Heijden，2004；Thong et al.，2006），那么该因素是否会影响农户主动寻求技术服务支持，因此本研究选取享乐动机来分析其对农户需求表达行为的影响。主要用表达的有趣性和表达的愉悦性感知两项来测量享乐动机。

(5) 沟通成本

主要是衡量行为决策付出的成本的情况。在市场研究中，成本或者价值通常与产品的质量的概念相结合，以确定产品或者服务的价值感知（Zeithaml，1988）。一般价值感知会作为消费者权衡价值和成本的依据（Dodds et al.，1991）。与消费者对成本与利益的权衡一样，对于需求表达而言，在权衡需求表达成本与收益的基础上，农户是否采取表达行为决策也是重要因素。鉴于此，本研究主要从成本的合理性和成本的可控性两个方面来体现沟通成本因素。

(6) 表达习惯

该因素主要是体现习惯的力量，习惯能够促使行为主体继续行驶该项行为，并且能够坚持下去。有研究将习惯定义为一种倾向性，因为学习行为导致的行为的自动表现（Limayem et al.，2007），也有学者将习惯等同于自动性（Kim et al.，2005），也有学者从行为的连续性测量了习惯（Kim and Malhotra，2005）。如果没有形成习惯，行为可能是短暂的行为，不具有长期性和稳定性。因此，习惯是否养成会影响行为主体的行为。此外，本研究还考虑了积极性的动力因素，其积极的心态也是保证习惯能够养成的重要方面。本研究主要从表达的持续性和表达的积极性两个方面来测量习惯变量。

(7) 便利条件

便利条件主要是分析行为主体所具备的资源禀赋，资源禀赋越充足，越有可能采取行为。知识条件、经济基础以及人脉关系条件，都是有利于开展技术服务需求表达诉求的条件基础。本研究主要从知识储备充足程度、经济储备充足程度以及人脉储备的充足程度来衡量行为主体是否具备采取行为的各个方面的资源条件。

(8) 表达决策变量

本研究的公益性农技服务较多，不同的农技服务，农户的行为决策机理会存在较大的差别，但是服务与服务之间又存在共性。因此，本章依据前面章节对公益性农技服务的分类，将服务分成新技术推广示范类服务、病虫防治类服务、投入品检测类服务、技术宣传培训类服务以及防灾减灾类服务 5 类，不同的类型中包含不同的服务种类，各个类型中不同的农技服务中的服务属性较为一致，农户需求的统计结果也显示，各个农技服务的需求特征较为一致。但是在投入品检测服务中，我们发现安全用药服务与其他投入品检测服务之间的需求状况存在较大差异，因此，在投入品检测服务中，我们选取了土肥检测服务和安全用药服务的表达决策来分析其影响因素，在新技术推广示范类服务中，

表7-1 变量说明

变量		变量具体测量	均值	方差
表达决策	新品种示范服务表达决策	是否表达新品种服务需求？1=是，0=否	0.47	0.50
	病虫防治服务表达决策	是否表达病虫防治服务需求？1=是，0=否	0.72	0.45
	土肥检测服务表达决策	是否表达土肥检测服务需求？1=是，0=否	0.23	0.42
	安全用药服务表达决策	是否表达安全用药服务需求？1=是，0=否	0.44	0.50
	技术培训服务表达决策	是否表达技术培训服务需求？1=是，0=否	0.50	0.50
	防汛抗旱服务表达决策	是否表达防汛抗旱服务需求？1=是，0=否	0.43	0.50
绩效期望	表达的有用性认知程度	1=非常低，2=比较低，3=一般，4=比较高，5=非常高	3.96	0.73
	表达能得到更多服务的可能性	1=非常低，2=比较低，3=一般，4=比较高，5=非常高	3.85	0.76
努力期望	表达容易程度	1=非常低，2=比较低，3=一般，4=比较高，5=非常高	3.62	0.94
	表达的易掌握性	1=非常低，2=比较低，3=一般，4=比较高，5=非常高	3.58	0.94
社会影响	变量重要能人的影响程度	1=非常低，2=比较低，3=一般，4=比较高，5=非常高	3.40	0.92
	从众心理的影响程度	1=非常低，2=比较低，3=一般，4=比较高，5=非常高	3.42	0.97
便利条件	表达所需的经济储备状况	1=非常差，2=比较差，3=一般，4=比较好，5=非常好	3.48	0.99
	表达所需的知识储备状况	1=非常差，2=比较差，3=一般，4=比较好，5=非常好	3.61	0.98
	表达所需的人脉储备状况	1=非常差，2=比较差，3=一般，4=比较好，5=非常好	3.78	0.90

（续）

变量		变量具体测量	均值	方差
享乐动机	表达的有趣性	1=非常低，2=比较低，3=一般，4=比较高，5=非常高	3.48	0.84
	表达的愉悦性	1=非常低，2=比较低，3=一般，4=比较高，5=非常高	3.47	0.86
沟通成本	表达成本的可控性认知	1=非常低，2=比较低，3=一般，4=比较高，5=非常高	3.59	0.85
	表达成本的合理性认知	1=非常低，2=比较低，3=一般，4=比较高，5=非常高	3.85	0.77
表达习惯	表达的持续性	1=非常低，2=比较低，3=一般，4=比较高，5=非常高	3.38	1.14
	表达的积极性	1=非常低，2=比较低，3=一般，4=比较高，5=非常高	3.56	0.95
控制变量	户主年龄	年龄	53.23	10.57
	户主务农年限	务农年限（年）	28.36	14.35
	户主受教育程度	受教育年限（年）	8.00	3.05
	户主干部身份	是否具有干部身份？1=是，0=否	0.23	0.42
	农业收入占比	农业收入（元）/家庭总收入（元）	0.67	0.39
	种植面积	家庭种植面积（亩）	116.10	209.58
	农业劳动力数量	家庭农业劳动力数量（个）	1.98	0.86
	农技服务增加收入程度	农技服务是否有利于增加农业收入？1=是，0=否	3.86	0.78
	农技服务提高种植技能	农技服务是否有利于提高种植技能？1=是，0=否	3.77	0.86
	所在省份	1=湖北省，0=湖南省	0.46	0.50

选取了新品种示范服务的表达决策，在病虫防治类服务中选取了病虫防治服务，在防灾减灾类服务中选取了防汛抗旱服务。

(9) 控制变量

在控制变量方面，有较多的学者研究表明，农户个体特征、生产经营特征、农技服务认知以及地理区位是影响农户行为的主要因素（纪月清、钟甫宁，2011；李容容等，2017；田云等，2015），鉴于此，本研究主要控制了个体特征变量、种植特征、对公益性农技服务的认知以及地区变量。

7.2　模型构建

为更好地分析农户需求表达决策行为，本研究构建了二元 logistics 回归模型来分析影响农户需求表达决策的因素，具体回归模型见式（1）。

$$Z_j = \ln\left(\frac{p_i}{1-p_i}\right) = \beta_0 + \sum_{i=1}^{n}\beta_i x_i + \sum_{l=1}^{r}\beta_l x_l + e_2 \tag{1}$$

式中，Z_j 表示农户的需求表达决策，在本章中主要分析新品种示范服务、病虫防治服务、土肥检测服务、安全用药服务、技术培训服务以及防汛抗旱服务的表达决策作为因变量；β_0 表示常数项；x_i 表示自变量，包括绩效期望、努力期望、社会影响、便利条件、享乐动机、沟通成本以及表达习惯变量；β_i 表示自变量的影响系数；x_l 表示控制变量；β_l 表示控制变量系数。

7.3　实证检验与研究结果

7.3.1　多重共线性检验

由于一个类别变量是由几个变量共同测量的，考虑到同一类别变量之间是否存在内部相关性，因此，在分析影响农户需求表达决策的影响因素之前，本研究进行了多重共线性检验，主要是使用方差膨胀因子 VIF 进行检验。现有关于 VIF 检验标准，主要是通过经验进行检验，当 VIF 的值大于 3 时，变量之间存在一定的共线性，当 VIF 的值大于 10 时，则表明各个变量相关性极高。本研究运用 SPSS 软件，主要是以"新品种示范服务表达决策"作为被解释变量，将其他的自变量和控制变量都作为解释变量进行检验，检验结果如表 7－2 所示。根据检验结果，发现本研究的解释变量的 VIF 值都小于 3，各个自变量的共线性程度在可接受范围之内。因此，适合做进一步的回归分析。

表 7 - 2　多重共线性检验

变量名称	共线性检验	
	容差	VIF
表达的有用性认知程度	0.455	2.198
表达能得到更多服务可能性	0.611	1.636
表达容易程度	0.450	2.220
表达的易掌握性	0.451	2.216
受重要能人的影响程度	0.734	1.363
从众心理的影响程度	0.597	1.675
表达所需的经济储备	0.568	1.761
表达所需的知识储备	0.635	1.575
表达所需的人脉储备	0.709	1.411
表达的有趣性	0.408	2.451
表达的愉悦性	0.413	2.419
表达成本的可控性	0.554	1.805
表达成本的合理性	0.455	2.197
表达的持续性	0.507	1.974
表达的积极性	0.604	1.656
户主年龄	0.472	2.118
户主务农年限	0.451	2.218
户主受教育程度	0.740	1.351
户主干部身份	0.837	1.194
农业收入占比	0.831	1.203
种植面积	0.758	1.319
农业劳动力数量	0.924	1.083
农技服务增加收入程度	0.391	2.560
农技服务提高种植技能	0.335	2.985
所在省份	0.715	1.398

7.3.2　研究结果分析

本研究主要运用二元回归模型分析病虫防治服务、土肥检测服务、安全用药服务、农业技术培训服务以及防汛抗旱服务决策的影响因素，具体结果见表 7 - 3。

表7-3 农户需求表达决策的影响因素的回归结果

类别	变量	公益性农技服务表达决策					
		新品种	病虫防治	土肥检测	安全用药	技术培训	防汛抗旱
绩效期望	表达的有用性认知程度	0.148	0.299	0.106	0.025	−0.304	−0.037
	表达能得到更多服务的可能性	0.395***	0.231	0.656***	0.676***	0.665***	0.292
努力期望	表达容易程度	0.217	0.138	−0.001	0.057	−0.056	−0.064
	表达的易掌握性	−0.256*	−0.248	0.116	−0.202	−0.056	0.112
社会影响	受重要能人的影响程度	0.374***	0.248*	0.460***	0.376***	0.364***	0.259**
	从众心理的影响程度	−0.178	−0.180	−0.117	−0.175	−0.081	−0.208
便利条件	表达所需的经济储备	0.245**	0.730***	0.708***	0.319**	0.371**	0.497***
	表达所需的知识储备	0.242**	0.032	0.011	−0.038	0.020	0.226*
	表达所需的人脉储备	0.110	0.310**	0.047	0.006	0.272**	0.406**
享乐动机	表达的有趣性	−0.202	−0.194	0.024	−0.097	−0.026	−0.002
	表达的愉悦性	0.078	0.435**	0.305	0.259	0.171	0.117
沟通成本	表达成本的可控性	0.386***	−0.144	0.139	−0.056	0.053	0.116
	表达成本的合理性	−0.155	−0.508**	−0.638***	−0.438**	−0.081	0.464**
表达习惯	表达的持续性	0.050	0.301**	0.004	0.568**	0.338**	−0.045
	表达的积极性	−0.062	0.330**	−0.080	−0.032	−0.030	0.116
	控制变量	已控制	已控制	已控制	已控制	已控制	已控制
	常数项	−5.148	−5.092	−8.520	−4.789	−6.408	−6.952
	卡方	118.121***	209.366***	187.259***	189.076***	178.484***	173.409***
	Nagelkerke R^2	0.232	0.415	0.396	0.353	0.334	0.328

注：*、**、***表示在10%、5%以及1%显著性水平下显著。

（1）新品种示范服务表达行为的影响因素分析

根据回归模型结果，卡方检验值为118.121，Nagelkerke R^2 值为0.232，模型显著性检验通过1%的显著性水平，模型回归结果较为理想。模型回归中对其他影响变量进行了控制，回归结果见表7-3。通过回归分析，发现绩效期望、努力期望、社会影响、便利条件和沟通成本都对新品种服务表达决策具有一定的影响。具体分析如下：

绩效期望对农户新品种服务表达决策的影响。在绩效期望中，"表达能得到更多服务可能"变量对农户新品种表达服务决策具有显著正向影响，通过1%的显著性检验，影响系数为0.395。说明在其他条件不变的情形下，农户在技术服务需求表达后能够得到的反馈和服务越多，则农户就越愿意进行这种技术服务需求的表达。这可能是由于农户对公益性技术供给的期望和现实结果差异所致。在农户表达对新品种的技术服务需求后，心理预期肯定是能得到较好的技术供给服务，但现实中会存在两种可能的技术供给结果，一种是得到热情有效的技术供给，另一种则是冷淡低效的技术供给，甚至是无供给。显然，后者情形下农户技术服务需求表达动力是不足的。

努力期望对农户新品种服务表达决策的影响。在努力期望中，"表达的易掌握性"变量对农户新品种表达服务决策具有显著负向影响，通过10%的显著性检验，影响系数为-0.256。说明在其他条件不变的情形下，公益性农技服务组织对农户提供的新品种技术服务越容易学习和掌握，则农户进行需求表达的可能性就越小，这似乎与我们理解的农户行为有所差异。但在进行农户样本调研的过程中，发现农户亲朋好友彼此间的交流是很频繁的，谁家用了新种子？粮食的产量和效果怎么样？都彼此较为熟悉。在一项新品种技术很容易掌握的情况下，农户的私下交流足以解决彼此的技术需求，在他们看来"这是小事，不用专门去问农技员"，因此，农户往往对那些不容易掌握的技术的表达行为更多。

社会影响对农户新品种服务表达决策的影响。在社会影响中，"受重要能人的影响程度"变量对农户新品种表达服务决策具有显著正向影响，通过1%的显著性检验，影响系数为0.374。说明在其他条件不变的情形下，农户行为越容易受重要能人影响，则进行新品种服务需求表达的可能性就越大。这与农户具有的风险规避特征有很大联系，种植能人在整个农村往往起着很大的引领与模范作用。当那些农村种植能人的新品种技术取得的成功越大时，普通农户获取该品种技术的需求欲望就越强烈，同时可能承担的技术风险越小。因此，越关注或越容易被这些种植能人行为影响的农户，进行需求表达的可能性越高。

便利条件对农户新品种服务表达决策的影响。在便利条件中，"表达所需的经济储备""表达所需的知识储备"变量对农户新品种表达服务决策均具有显著正向影响，且都通过5%的显著性检验，影响系数分别为0.245、0.242。说明在其他条件不变的情形下，农户进行新品种技术服务表达所需要的经济和知识储备越多，则农户越有可能表达对技术服务的需求。这可能是由于部分科技含量较高的新品种技术在经济成本和人力资本上对农户设置隐性门槛所导致。并不是所有的新品种技术都能够被所有农户所了解和接受，农户所拥有的经济储备和知识储备能力越强，则进行新品种技术服务需求表达的可能性越大。

沟通成本对农户新品种服务表达决策的影响。在沟通成本中，"表达成本的可控性"变量对农户新品种表达服务决策具有显著正向影响，通过1%的显著性检验，影响系数为0.386。说明在其他条件不变的情形下，进行新品种技术服务需求表达时所花费成本在农户自身可接受范围内时，农户进行表达行为的可能性越大。农户是理性的行为经济人，成本因素也是影响农户行为决策的关键。当一项新品种技术服务的技术采纳成本过高时，农户会结合多种因素对采纳该项新品种技术的成本与预期收益进行比较，其成本收益只有在合理可控制的范围内，农户才会进行该技术的需求行为表达。

（2）病虫防治服务表达行为的影响因素分析

根据回归模型结果，卡方检验值为 209.366，Nagelkerke R^2 值为 0.415，模型显著性检验通过 1% 的显著性水平，说明模型的拟合效果较好。模型回归中对其他影响变量进行了控制，回归结果见表 7-3。通过回归分析，发现社会影响、便利条件、享乐动机、沟通成本以及表达习惯便利对病虫防治服务表达决策具有显著的影响。具体分析如下：

社会影响对农户病虫防治服务决策的影响。在社会影响中，"受重要能人的影响程度"变量对农户病虫防治服务决策具有显著影响，通过 10% 的显著性水平检验，系数为 0.248。说明在其他条件不变的情形下，农户越容易受能人影响，其越有可能表达病虫防治服务需求。这可能是由于能人一般是具有一定经济实力的大户，其拥有的资源丰富，并且具备丰富的生产经验，能够较为准确地判断病虫害发展态势或者掌握病虫防治方案，并且这些能人相比一般的农户在服务需求表达方面也更加积极，因此，在能人的带领下，其越有可能表达自己对病虫防治方面的需求。

便利条件对农户病虫防治服务决策的影响。在便利条件中，"表达所需经济储备"和"表达所需人脉储备"变量对农户病虫防治服务决策具有显著影响，分别通过 1% 和 5% 的显著性水平检验，影响系数都为正。说明在其他条件不变的情形下，农户的经济储备和人脉关系储备越充足，其越有可能表达病虫防治服务需求。对于人脉关系越广的农户，其越有可能与各种农技服务供给人员接触，得益于关系的互惠性，这部分农户更容易获得农技服务支持，因此这部分农户在有病虫防治服务需求时候，也更容易表达自己在病虫害服务方面的需求。对于经济条件越好的农户而言，具备承担服务成本的条件，可以获取一些更新的技术，其对经济收益的感知也更加敏感，并且病虫防治服务与生产的产量和收入息息相关。因此，这部分农户在有病虫防治服务需求时，会积极表达自己的服务需求。

享乐动机对农户病虫防治服务决策的影响。在享乐动机中，"表达的愉悦性"变量对农户病虫防治服务决策具有显著影响，通过 5% 的显著性水平检验，系数为 0.435。说明在其他条件不变的情形下，农户认为表达能够带来愉悦，更有可能表达病虫防治服务。这可能是由于病虫防治服务在整个农技推广中处于基础性地位和重要性地位，农户更容易获得这些农技服务。因此，农户认为表达能带来愉悦的情况下，可能会更加愿意表达病虫防治服务，这样会形成农户技术获取和农户需求表达之间的良性循环。

沟通成本对农户病虫防治服务决策的影响。在沟通成本中,"表达成本的合理性"变量对农户病虫防治服务决策具有显著影响,通过5%的显著性水平检验,系数为负。表明在其他条件不变的情形下,农户认为表达成本越不合理,越可能表达病虫防治服务需求。其可能的原因是农户对表达成本的认知和理解可能存在偏差,由于在病虫防治服务主体中,有较多的营利组织供给,农户容易将农资价格和表达成本联系起来,并且对营利性的服务组织服务的抱怨较多,基本会认为进行农技服务需求表达的成本极高,但是迫于自己的弱势地位,又不得不表达自己的病虫防治服务需求。

表达习惯对农户病虫防治服务决策的影响。在表达习惯影响中,"表达持续性"和"表达积极性"变量对农户病虫防治服务决策具有显著影响,都通过显著性水平检验。说明在其他条件不变的情形下,农户在表达方面越积极,或者已经养成表达习惯,这部分农户更容易表达病虫防治服务。这可能是由于已经具备表达习惯的农户,在习惯力量的影响下,更容易遵从自己的习惯行为,并且在长期表达习惯中,农户也积累了一些表达的经验。根据调研数据显示,对病虫害防治服务而言,绝大多数农户都有需求表达行为。因此,其习惯经验的积累也更多地来自于病虫防治服务需求的表达,因此当农户有病虫防治服务需求时,会更乐意表达自己的需求。而对于那些在农技服务表达中持积极态度的农户,这部分农户更加具有主动性和探索精神,因此,在遇到病虫防治服务时,内在积极性也会促使他们去积极寻求解决方案。

(3) 土肥检测服务表达行为的影响因素

由模型回归结果可知,卡方检验值为187.259,Nagelkerke R^2 值为0.396,模型在1%显著性水平通过检验,模型拟合效果较好,相关变量具有较好的解释力。模型回归中对其他影响变量进行了控制,回归结果见表7-3。通过回归分析,发现农户土肥检测服务表达决策受绩效期望、社会影响、便利条件以及沟通成本等维度变量的影响。具体分析如下:

绩效期望对土肥检测服务表达决策的影响。在绩效期望中的"需求表达得到更多服务的可能性"对农户土肥检测服务表达决策具有显著影响,系数为正且通过1%水平下的显著性检验,说明在其他条件不变的情况下,农户认为需求表达能够得到更多农技服务的可能性越高时,农户越愿意表达土肥检测方面的服务需求。其可能的解释是,农户进行土肥检测服务表达决策的最终目的是获得相关服务、技术的支持,当农户认为实现该目标可能性越高时,其表达决策的积极性也就越高。

社会影响对土肥检测服务表达决策的影响。在社会影响中的"受重要能人的影响程度"对农户土肥检测服务表达决策具有显著影响,系数为正且通过

1％水平下的显著性检验，说明在其他条件不变的情况下，农户受重要能人的影响程度越大，其进行土肥检测服务表达决策的可能性也就越高。可能的原因是，长期生活在同一群体的农户，频繁的接触和交流使得相互间的经验学习更为普遍，尤其是对重要能人科学种植经验的学习借鉴，因此农户更有可能表现出科学种植的意愿，即通过表达技术服务需求以提高农业生产率。

便利条件对土肥检测服务需求表达决策的影响。在便利条件中的"表达所需的经济储备"对农户土肥检测服务表达决策具有显著影响，系数为正且通过1％水平下的显著性检验，说明在其他条件不变的情况下，随着农户家庭经济水平的提升，其进行土肥检测服务表达决策的可能性也就越高。主要是因为，在当前我国农户与政府沟通机制尚未健全的背景下，沟通成本是农户进行技术需求表达决策时不得不考虑的问题，当农户有较好的经济储备时，成本问题的约束相对减少，也就表现出更高的表达积极性。

沟通成本对土肥检测服务需求表达决策的影响。在沟通成本中的"表达成本的合理性"对农户土肥检测服务表达决策具有显著影响，系数为负且通过1％水平下的显著性检验，说明农户在土肥检测服务需求表达成本合理性与需求表达决策之间并无必然的因果关系，因为土肥检测服务需求表达并不是孤立存在的，部分农户尽管认识到表达成本具有合理性，但考虑到获得相关服务后，后续施肥方式调整所需的额外支出，可能依旧会做出不进行需求表达的决定。

(4) 安全用药服务表达行为的影响因素分析

根据回归模型结果，卡方检验值为189.076，Nagelkerke R^2 值为0.353，模型显著性检验通过1％的显著性水平，说明模型的拟合效果较好。模型回归中对其他影响变量进行了控制，回归结果见表7-3。通过回归分析，发现农户对需求表达的绩效期望、社会影响、便利条件、沟通成本以及表达习惯对农户安全用药服务表达决策具有影响。具体分析如下：

绩效期望对安全用药服务表达决策的影响。在绩效期望中的"需求表达得到更多服务的可能性"对农户安全用药服务表达决策具有显著的影响，并通过1％的显著性水平检验，系数为正，说明在其他条件不变的情况下，农户认为需求表达能够得到更多农技服务的可能性越高时，农户越愿意表达安全用药方面的服务需求。其可能的解释是，农户能够认识到需求表达能够带来更多的农技服务，在理性经济人动机下，这部分农户为追求更多产量抑或获得更多的收入，也会更加进行安全用药服务咨询。

社会影响对农户安全用药服务决策的影响。在社会影响中，"受重要能人的影响程度"变量对农户安全用药服务决策具有显著影响，通过1％的显著性水平检验，系数为0.376。说明在其他条件不变的情形下，农户受重要能人影响越大，其更有可能表达安全用药服务需求。这可能是由于在现有乡村治理中，能人在乡村治理中发挥越来越重要的作用，其在社会资源方面具有优势，并且具有一定的号召力和影响力，当这些能人表达自己的安全用药服务决策时，能够带动其他农户也表达服务需求。

便利条件对农户安全用药服务决策的影响。在便利条件中，"农户需求表达的经济储备"对农户安全用药服务决策具有显著影响，通过5%的显著性水平检验，系数为0.319。说明在其他条件不变的条件下，农户经济条件越好，其越有可能表达安全用药服务需求。由于安全用药是相比较于产量提升方面的农技服务具有更高层次的服务需求，是对产品安全更加注重的农技服务。经济条件更好的农户，其对食品安全和生态安全更加关注，并且有一定的经济基础去追求安全生态的生活，因此，这部分农户更加乐意表达自己关于安全用药服务的决策。

沟通成本对农户安全用药服务决策的影响。在沟通成本中，表达成本的合理性对农户安全用药服务决策具有显著影响，通过5%的显著性水平检验，系数为负。即说明在其他条件不变的情形下，农户认为需求表达成本合理性越高，其表现为不表达安全用药服务需求。其可能的原因是表达成本的合理性与安全用药服务决策之间没必然的因果关系，说明农户对表达成本的认知和理解可能存在偏差，并且由于安全用药服务的表达行为相对较少，所以，表达成本的合理性和安全用药服务决策之间并未有正向影响关系，而表现出虚假的负相关。

表达习惯对安全用药服务决策的影响。在表达习惯中，表达的持续性变量对农户安全用药服务决策具有显著影响，通过1%的显著性水平检验，影响系数为0.568。说明在其他条件不变的情形下，农户已经养成了持续表达的习惯，更会做出表达安全用药服务需求的决策。这部分农户已经养成了需求表达的习惯，在多次的农技服务需求表达中已经积累了较多的经验，这些经验有利于进行需求服务表达。

（5）技术培训服务表达行为的影响因素分析

根据回归模型结果，卡方检验值为178.484，Nagelkerke R^2 值为0.334，模型通过1%的显著性水平检验，说明模型的拟合效果较好。模型回归中对其他影响变量进行了控制，回归结果见表7-3。通过回归分析发现绩效期望、便利条件以及表达习惯对农户技术培训服务表达决策具有影响，具体分析如下：

绩效期望对农户技术培训服务表达决策的影响。在绩效期望中，"表达能获得更多服务的可能性"对农户技术培训服务决策具有显著影响，通过1%的显著性水平检验，影响系数为0.665。说明认为表达能获得更多服务，这些农户更愿意表达技术培训服务。这主要是农户都是理性经济人,如果农户认识到需求表达能够得到更多的技术服务支持,这个期望会促使农户表达需求以获得技术服务支持,技术培训服务又是众多服务类型中农户较为迫切的服务,因此,为解决服务需求,获得更多的技术支持,农户会选择表达自己的服务需求。

社会影响对农户技术培训服务表达决策的影响。在社会影响中,"受重要能人的影响程度"对农户技术培训服务决策具有显著影响,通过1%的显著性水平检验,影响系数为0.364。说明在其他条件不变的情形下,农户越容易受周围重要能人的影响,其越有可能表达技术培训服务需求。其可能的原因是,能人在农业生产中经验丰富,且积累了较多的资源,能够发挥自身优势表达服务需求,并且能人一般是经营能力较强的农户,是农业技术培训的重点对象,这些人更容易获取技术培训服务。在能人的影响下,也会促使普通农户积极表达自己在技术培训服务方面的需求。

便利条件对农户技术培训服务表达决策的影响。在便利条件中,"表达所需的经济储备""表达所需要的人脉储备"对农户技术培训服务决策具有显著影响,分别通过1%和5%的显著性水平检验,模型拟合结果较好,影响系数分别为0.371和0.272。即表明农户经济条件越好和人脉关系越广,其越有可能表达技术培训服务需求。这主要是由于人脉关系越充足和经济条件越好的农户,其视野更加开阔,更能认识到技术培训对农业生产的重要性,并且可以利用人脉关系,尽量满足自己的服务需求。

表达习惯对农户技术培训服务表达决策的影响。在表达习惯中,"表达的持续性"对技术培训服务决策具有正向影响,且通过1%的显著性水平检验。即有持续表达习惯的农户,会将自己的技术培训服务需求表达出来。其可能的原因是,习惯惯性会促使农户表达自己的农技服务需求,并且农业技术培训服务也是农户较为迫切的服务,因此,长期有表达习惯的农户会积极地表达自己较为迫切的技术培训服务需求。

(6) 防灾减灾服务表达行为的影响因素分析

根据回归模型结果,卡方检验值为173.409,Nagelkerke R^2 值为0.328,模型显著性检验通过1%的显著性水平,说明模型的拟合效果较好。模型回归中对其他影响变量进行了控制,回归结果见表7-3。通过回归分析,发现农户对需求表达的社会影响、便利条件以及沟通成本对农户防汛抗旱服务表达决策具有显著的影响。具体分析如下:

社会影响对防汛抗旱服务表达决策的影响。在社会影响中的"受重要能人的影响程度"对农户防汛抗旱服务表达决策具有显著的影响,并通过了5%的显著性水平,系数为正,说明在其他条件不变的情况下,农户受到重要能人的影响程度越高时，农户越愿意表达对防汛抗旱服务的需求。其可能的解释是，中国农村社会是典型的关系社会，农民的行为很大程度会受到他人的影响。农村能人不仅在农业生产方面具备较为丰富的知识储备，而且在眼界视野，对外界信息的获取、分析和解决问题，农技服务信息及渠道等方面也有相对优势。往往与这些能人接触频率较多的农户，会在一定程度上受到能人的影响，这种影响或是通过直接利用能人的关系网络或渠道来获取相关农业技术服务，又或是长期的接触使得农户自身相关知识和能力的提高，而建立自己的关系网络和服务获取渠道。

便利条件对防汛抗旱服务表达决策的影响。在便利条件中的"表达所需的经济储备"对农户防汛抗旱服务表达决策具有显著的影响，并通过了 1％的显著性水平检验，且系数为正，说明在其他条件不变时，农户经济储备越丰富，农户表达对防汛抗旱服务需求的可能性就越高。其可能的解释是，经济状况是农户进行一切生产经营的基础，丰富的经济储备可以为农户进行农业技术需求表达提供经济支持。"表达所需的知识储备"对农户防汛抗旱服务表达决策具有显著的影响，并通过了 10％的显著性水平，且系数为正，说明在其他条件不变时，农户知识储备越丰富，农户越愿意表达对防汛抗旱服务的需求。其可能的解释是，知识储备更多体现在农户的文化水平上。文化程度较高的农户，其视野更为宽阔，通过自我学习解决问题、掌握信息获取渠道的能力更强；同时，较为丰富的知识储备对农户进行不同技术服务的优劣势判断有所帮助，则对防汛抗旱服务的需要意愿更强。"表达所需的人脉储备"对农户防汛抗旱服务表达决策具有显著的影响，系数为正，说明在其他条件不变的情况下，农户的人脉越广，农户对防汛抗旱服务表达的意愿就越强烈。其可能的解释是，对于分散经营的小农户而言，其在市场信息、技术服务获取渠道等方面处于弱势地位。人脉储备情况可以反映出农户社会资本的存量状况，广泛的人脉储备有助于农户对防汛抗旱服务信息的获取渠道的掌握，通过人脉关系网络能够有效、及时地获取相关市场信息和技术服务信息，对于这种政府主导的公益性农业技术服务尤为如此。

沟通成本对防汛抗旱服务表达决策的影响。沟通成本中"表达成本的合理性"对防汛抗旱服务表达决策具有显著的影响，并通过了 5％的显著性水平检验，系数为正，说明在其他条件不变的情况下，农户农技服务需求表达的成本越合理，农户对防汛抗旱服务需求进行表达的可能性就越高。其可能的解释是，农户作为一个理性的经济人，其行为的出发点往往是为了追求利润的最大化或者成本的最小化。防汛抗旱服务需要表达的成本直接影响到农户的行为意愿，出于降低技术需要表达成本的考虑，农户会选择表达成本较低的技术服务。在其他条件不变的情况下，当防汛抗旱服务需求表达成本低于其愿意为此支付的最高意愿时，农户会做出需求表达决策。

7.4 本章小结

(1) 新品种服务表达决策的影响因素

"表达能得到更多服务可能"变量对农户新品种表达服务决策具有显著正向影响。公益性农技服务组织对农户提供的新品种技术服务越容易学习和掌握时，则农户进行需求表达决策行为的可能性就越小。在社会影响中，"受重要能人的影响程度"变量对农户新品种表达服务决策具有显著正向影响时，说明农户行为越容易受重要能人影响，则进行新品种服务需求表达的可能性就越大。在便利条件中，"表达所需的经济储备""表达所需的知识储备"变量对农户新品种表达服务决策均具有显著正向影响，即农户进行新品种技术服务表达所需要的经济和知识储备越多，则农户越有可能做技术服务的需求表达行为决策。在沟通成本中，"表达成本的可控性"变量对农户新品种表达服务决策具有显著正向影响，进行新品种技术服务需求表达时所花费成本在农户自身可接受范围内时，农户进行表达行为的可能性越大。

(2) 农户病虫防治服务决策的影响因素

在社会影响中，"受重要能人的影响程度"变量对农户病虫防治服务决策具有显著正向影响，在其他条件不变的情形下，农户越容易受能人影响，其越有可能表达病虫防治服务需求。在便利条件中，"表达所需经济储备"和"表达所需人脉储备"变量对农户病虫防治服务决策具有显著正向影响，农户的经济储备和人脉关系储备越充足，其越有可能表达病虫防治服务需求。在享乐动机中，"表达的愉悦性"变量对农户病虫防治服务决策具有显著正向影响，农户认为表达能够带来愉悦，更有可能表达病虫防治服务。在沟通成本中，"表达成本的合理性"变量对农户病虫防治服务决策具有显著负向影响，即农户认为表达成本越不合理，越可能表达病虫防治服务需求。在表达习惯影响中，"表达持续性"和"表达积极性"变量对农户病虫防治服务决策具有正向影响，即农户在表达方面越积极，或者已经养成表达习惯，这部分农户更容易表达病虫防治服务。

(3) 土肥检测服务表达决策的影响因素

在绩效期望中的"需求表达得到更多服务的可能性"对农户土肥检测服务表达决策具有显著正向影响，农户认为需求表达能够得到更多农技服务的可能性越高时，农户越愿意表达土肥检测方面的服务需求。在社会影响中的"受重要能人的影响程度"对农户土肥检测服务表达决策具有显著正向影响，说明农户受重要能人的影响程度越大，其进行土肥检测服务表达决策的可能性也就越高。在便利条件中的"表达所需的经济储备"对农户土肥检测服务表达决策具有显著正向影响，随着农户经济水平的提升，其进行土肥检测服务表达决策的可能性也就越高。在沟通成本中的"表达成本的合理性"对农户土肥检测服务表达决策具有显著负向影响。

（4）安全用药服务表达决策的影响因素

在绩效期望中的"需求表达得到更多服务的可能性"对农户安全用药服务表达决策具有显著的正向影响，即农户认为需求表达能够得到更多农技服务的可能性越高时，农户越愿意表达安全用药方面的服务需求。在社会影响中，"受重要能人的影响程度"变量对农户安全用药服务决策具有显著正向，农户受重要能人的影响越大，其更有可能表达安全用药服务的需求。在便利条件中，农户需求表达的经济储备对农户安全用药服务决策具有显著影响，农户经济条件越好，其越有可能表达安全用药服务需求。在沟通成本中，表达成本的合理性对农户安全用药服务决策具有显著影响，系数为负，即农户认为需求表达成本合理性越高，其更不可能表达安全用药服务需求。在表达习惯中，表达的持续性变量对农户安全用药服务决策具有显著正向影响，说明农户已经养成了持续表达的习惯，更会做出表达安全用药服务需求的决策。

（5）技术培训服务决策的影响因素分析

在绩效期望中，"表达能获得更多服务的可能性"对农户技术培训服务决策具有显著影响，认为表达能获得更多服务，这些农户更愿意表达技术培训服务。在社会影响中，"受重要能人的影响程度"对农户技术培训服务决策具有显著正向影响，说明农户越容易受周围重要能人的影响，其越有可能表达技术培训服务需求。在便利条件中，"表达所需的经济储备""表达所需要的人脉储备"对农户技术培训服务决策具有显著正向影响，即表明农户经济条件越好和人脉关系越广，其越有可能表达技术培训服务需求。在表达习惯中，"表达的持续性"对技术培训服务决策具有正向影响，即有持续表达习惯的农户，会表达自己的技术培训服务需求。

（6）防灾减灾服务决策的影响因素分析

在社会影响中的"受重要能人的影响程度"影响程度越高时，农户越愿意表达对防汛抗旱服务的需求。在便利条件中的表达所需的经济储备、知识储备以及人脉储备对农户防汛抗旱服务表达决策具有显著的影响，且系数为正，说明在其他条件不变时，农户经济、人脉以及知识储备越丰富，农户对防汛抗旱服务需求的表达可能性就越高。沟通成本中"表达成本的合理性"对防汛抗旱服务表达决策具有显著的正向影响，说明在其他条件不变的情况下，农户农技服务需求表达的成本越合理，农户对防汛抗旱服务需求进行表达的可能性就越高。

8 研究结论与支持政策设计

基于前面的研究，本章节首先通过对主要研究结论进行归纳和整理，并在此基础上提出公益性农技服务发展的支持政策。主要从优化公益性农技服务结构、提高公益性农技服务的可得性、提高需求表达主体的积极性以及保障公益性农技服务作用的发挥 4 个方面提出针对性的对策建议，以期为推动公益性农技服务的发展提供政策借鉴和参考。

8.1 研究结论

研究结论如下：

第一，从公益性农技服务需求来看，样本农户对病虫测报、病虫防治的需求最为迫切，对新品种技术、土肥检测、政策宣传、技术培训以及农田水利建设服务的需求较为迫切，对农药残留、重金属污染、农机质检、种子质检、农机质检服务的需求较低。从不同经营主体来看，种植大户整体上比普通小农户的公益性农技服务需求更加强烈，但是普通小农户对各项公益性农技服务需求也比较强烈。对于不同区域而言，湖北省需要农业技术服务受访农户的比例整体上要高于湖南省农户的需求比例。

第二，从样本农户需求表达特征来看，农户在进行公益性农技服务需求表达方式以个体表达为主，集体表达方式的行为选择依然处于一个较低的水平。湖南省和湖北省农户的需求表达方式的选择偏好存在明显的差异性。普通小农户和种植大户需求表达偏好选择差异较小。农户表达渠道以非制度化的为主，湖南省和湖北省农户的需求表达渠道的选择偏好存在明显的差异性，普通小农户与种植大户的选择偏好具有一致性。农户多以选择向非营利性服务组织表达农技服务需求。向非营利服务组织表达农技服务需求的湖北省农户比例要高于湖南省的农户比例，但是两省农户都更加偏好向非营利组织表达农技服务。种植大户与普通小农户也都更加偏好向非营利服务组织表达自己的农技服务需求。

第三，通过对公益性农技服务需求表达重点及结构进行分析：发现农户对病虫测报服务和病虫防治服务的需求最多，对新品种技术示范、安全用药、农业技术培训、防汛抗旱以及农田水利建设服务，农户需求表达也较高，均有一半左右的农户表达以上服务需求。此外，农户对农药残留检测服务、重金属检测服务、农机质检服务的需求表达甚少。表达结构：第一需求表达层次的服务是病虫测报和病虫防治服务，第二需求表达层次主要包括新品种技术示范、安全用药、农业技术培训、防汛抗旱以及农田水利建设服务。第三需求表达层次为农药残留检测、重金属检测服务等其他服务，属于低表达层。

整体上看，现有农技推广组织主要集中提供病虫测报、病虫防治、政策宣传以及技术培训服务。对于高产高效技术示范、安全用药检测、防汛抗旱、农田水利建设以及水资源管理服务，供给比例基本保持在50％左右，可得性相对较好。对于土肥检测、农药残留检测、重金属污染检测、种子检测以及农机检测服务，可得性状况不容乐观。通过对比不同规模经营主体反馈情况，发现种植大户的可得性比例都高于普通小农户的供给比例。对不同区域农技服务供给情况进行对比分析发现，湖南省在新品种、病虫测报、病虫防治、安全用药、政策宣传、技术培训服务方面的可得性程度高于湖北省的供给强度。在其他农技服务类型中，湖北省的可得性程度高于湖南省。

通过分析农户需求表达对公益性农技服务可得性的影响路径发现：农户是否表达病虫防治类服务需求对公益性农技服务可得性具有显著的影响，并且还通过选择不同的表达方式来间接影响公益性农技服务可得性。农户是否表达新技术推广示范类服务对公益性农技服务的可得性具有显著的影响，并且还通过选择不同的表达渠道从而来影响服务的可得性。农户是否表达投入品检测类服务需求，对公益性农技服务可得性具有直接的影响，也会通过表达渠道差异间接影响公益性农技服务可得性。此外，农户是否表达技术宣传培训类服务需求不仅对公益性农技服务具有显著的影响，还通过需求表达渠道的差异来影响公益性农技服务的可得性。农户是否表达投入品检测类服务需求不仅对公益性农技服务可得性具有直接的影响，还通过选择不同的表达对象来间接影响公益性农技服务可得性。农户是否表达病虫防治类服务需求不仅对公益性农技服务可得性具有直接的影响，还通过选择不同的表达对象来间接影响公益性农技服务可得性。

通过对新品种服务表达决策的影响因素进行分析，发现认为需求表达能够得到更多服务可能性的农户更愿意表达新品种服务需求。公益性农技服务组织对农户提供的新品种技术服务越容易学习和掌握，则农户进行需求表达决策行为的可能性就越小。农户行为越容易受重要能人的影响，则进行新品种服务需求表达的可能性就越大。农户进行新品种技术服务表达时所需要的经济和知识储备越多，则农户越有可能做技术服务的需求表达行为决策。进行新品种技术服务需求表达时所花费成本在农户自身可接受范围内时，农户进行表达行为的可能性越大。

通过对农户病虫防治服务决策的影响因素进行分析，发现在其他条件不变的情形下，农户越容易受能人影响，其越有可能表达病虫防治服务需求。农户的经济储备和人脉关系储备越充足，其越有可能表达病虫防治服务需求。农户认为表达能够带来愉悦，更有可能表达病虫防治服务。农户认为表达成本越不合理，越可能表达病虫防治服务需求。农户在表达方面越积极，或者已经养成表达习惯，这部分农户更容易表达病虫防治服务。

通过对土肥检测服务表达决策的影响因素分析，发现认为需求表达能够得到更多农技服务的可能性越高时，农户越愿意表达土肥检测方面的服务需求。农户受重要能人的影响程度越大，其进行土肥检测服务表达决策的可能性也就越高。随着农户经济水平的提升，其进行土肥检测服务表达决策的可能性也就越高，但是认为表达成本越不合理的农户反而更愿意表达自己的服务需求。

通过对安全用药服务表达决策的影响因素分析，发现认为需求表达能够得到更多农技服务的可能性越高时，农户越愿意表达安全用药方面的服务需求。农户受重要能人的影响越大时，其更有可能表达安全用药服务的需求。农户经济条件越好，其越有可能表达安全用药服务需求。农户认为需求表达成本合理性越高时，其更不可能表达安全用药服务需求。已经养成了持续表达的习惯农户更会做出表达安全用药服务需求的决策。

通过对技术培训服务决策的影响因素进行分析，发现认为表达能获得更多服务的农户更愿意表达技术培训服务。农户越容易受周围重要能人的影响，其越有可能表达技术培训服务需求。农户经济条件越好和人脉关系越广，其越有可能表达技术培训服务需求。有持续表达习惯的农户，会表达自己的技术培训服务需求。

通过对防灾减灾服务决策的影响因素进行分析，发现在其他条件不变时，"受重要能人的影响程度"影响程度越高时，农户越愿意表达对防汛抗旱服务的需求，农户经济、人脉以及知识储备越丰富，农户表达对防汛抗旱服务需求的可能性就越高。在其他条件不变的情况下，农户农技服务需求表达的成本越合理，农户对防汛抗旱服务需求进行表达的可能性就越高。

8.2 支持政策设计

8.2.1 提高需求表达能力，增强需求信息显示度的支持政策

（1）提高需求主体的表达意识，培养表达习惯

无论是加强农户需求表达渠道建设，还是提高需求表达的组织化程度，农户在公益性农技服务需求主体的表达机制建设中始终处于重要主体地位。为此，提高农户的表达意识，既是保障表达机制建设中有效开展各项行动的基础，也是实现农技服务供需相匹配的关键。做好需求表达相关渠道、方式的宣

传，并搭建需求主体与供给主体的沟通平台，提高需求主体的需求表达意识。地方政府需要加大对公益性农技服务需求表达机制的宣传和普及，重点对需求表达方式、表达渠道以及表达对象的宣传。一方面要让所有农户了解到需求表达的方式，并对不同表达方式的适用性进行介绍，让需求主体能够清楚对于不同的公益性农技服务需求，是应该优先选择个体表达还是选择集体表达方式，不同表达方式的利弊是什么。另一方面，对于现有的表达渠道进行宣传，制度化的渠道和非制度化的渠道主要有哪些，应该如何操作才能获得更多的信息反馈。例如农技部门网站或者信访渠道等都要让农技服务需求主体知晓，让他们能够知道有哪些渠道可以表达自己的服务需求。此外，还需要对服务供给组织即需求表达对象进行不同的服务，了解有哪些组织供给这些服务，这样可以方便需求主体在有农技服务问题时能够快速地找到提供服务及解决问题的组织或个人，以保证不影响农业生产。具体宣传途径有通过召开村民大会、广播、宣传资料发放等形式，也可以通过邀请具有丰富表达经验并具有较好种植收益的农户，进行典型案例宣传。

（2）加强需求表达的条件保障建设，提高农户的需求表达能力

意识与能力是相辅相成的，具有需求表达的意识需要相应的表达能力来实现。众所周知，公益性农技服务供需不匹配的主要原因之一在于表达主体因文化水平、经济水平、社会关系等方面因素的约束，最终导致需求表达能力不足。为此，从农户农技服务需求表达过程中所面临的现实困境出发，重点突破关键限制因素，为农户顺畅表达技术需求创造便利条件。

首先，大力开展以基础知识为主的教育活动，利用夜校、组织培训班等形式，普及基本常识和提高专业技能水平，提高农户的综合素质。根据实地考查，样本农户的受教育水平还相对较低，多以初中及以下教育水平为主。农户的需求表达能力在一定程度上受教育水平的影响，教育水平越高的农户可能更善于表达。其主要体现在语言表达和文字表达方面，需求主体能否清晰准确地反映自己的需求，则是影响需求反馈的重要因素。因此，需要提高农户群体的教育水平，让他们有底气有能力去表达自己的农技服务需求，能够更好地表达自己的农技服务需求。

其次，大力发展地方经济，延伸农业产业链和发展二三产业，增加闲暇时节农户非农兼业机会，进而增加农技服务需求的可能性以及提供开展农技服务需求表达的经济支撑。虽然公益性农技服务的供给是无偿的，但是农户需求表达是需要成本的，其成本形式可能比较多样化，更多的可能是时间成本，或者由于与服务供给主体之间的距离较远，需要付出一定的交通费用。因此，一定的物质基础是保证需求主体顺利进行需求表达的重要条件。加大地区经济的发展，让公益性农技服务主体能够有更多的发展机会，积累一定的财富，让需求主体能够有物质条件去表达自己的服务需求。

最后，鼓励需求主体积极融入社会网络关系中，搭建沟通交流的关系网。社会网络关系在农户需求表达中发挥着重要的作用，社会网络关系的强弱能够直接影响农户需求表达的反馈结果，也是其表达能力的重要反映。主要可以从以下方面加强网络关系的建设。一方面，要加强与网络关系中关键人物的沟通，建立信任机制。例如要和村干部以及农技员搞好关系，因为这些群体，由于其个人身份的优势，其消息更加灵通，能够更快地掌握各项农技服务的信息。与这些群体搞好关系，将有利于获得一些农技服务的信息，能够帮助自己更快地获取农技服务。另一方面，要加强与周边种植能人的沟通，建立起互惠的关系。当在农业生产中遇到一些农技服务问题，通过与这些能人交流，也可能会轻松解决问题，因为能人在农业生产中的经验会更加丰富或者人脉关系网更广，与他们搞好关系能够更快地获取到农技服务。另外，地方政府部门定期组织农技人员、农资经销商、种植能手与广大农户的交流会，不仅仅是为了种植经验上的相互学习，更重要的是相互间建立起一种联系，当农户存在问题或某种农技服务需求时有可交流或求助的对象。在重视"人情关系"的中国农村，广泛的人脉资源对于农技服务需求表达同样重要，也应视为需求表达能力建设的重要组成部分，各组织应积极创造机会，扩大生产经营主体的人际圈。

8.2.2　把握需求表达重点，优化公益性农技服务供给结构的支持政策

（1）公益性农技服务供给结构优化目标

把握不同需求主体的需求重点，提高公益性农技服务供给的有效性。现有公益性农技服务供给体系中，不同类型公益性农技服务的供给策略和供给政策并没有实现差别化，但是不同类型公益性农技服务供给成本的约束条件存在差异，农户的采纳意愿也可能存在差别，因此使用无差别化的供给政策不仅会造成公共资源的浪费，也会影响公益性农技服务供给效率，难以满足需求主体的需求。因此，在进行公益性农技服务结构调整和优化过程中，根据农户需求重点，对重点需求的公益性农技服务进行供给，对于农户需求较少的公益性农技服务类型，应开展差异化的推广手段，以此来满足少数人的需求，减少公共资源的浪费和避免公共资源配置不合理的情况，提高公益性农技服务供给的有效性和供给质量。

兼顾不同主体的需求利益，提高公益性农技服务供给的针对性。随着种植大户、家庭农场等新型农业经营主体不断发展，新型主体的需求与普通小农户的需求不断的异化，并且这些新型农业经营主体其需求可能更加多元化，需求重点也更加明确，需求强度也会更加强烈。现有公益性农技服务供给政策虽然已经强调向这些主体倾斜，但是在倾斜过程中公益性农技服务组织容易忽视普

通小农户的需求状况，使得公益性农技服务推广组织难以处理好新型经营主体与普通小农户供给之间的关系。但是小农户也是我国农业生产的重要主体，在较长时期内长期存在，对我国农业发展具有重要的影响。因此，需要兼顾不同农业经营主体的利益，对种植大户等新型农业经营主体而言，重点提供其普遍需要的农技服务，对普通小农户而言，集中供给其最迫切需要的公益性农技服务，从而保证公益性农技服务不同需求主体的需求得到满足，提高服务的针对性。

此外，由于不同区域公益性农技服务供给体系之间存在差别，农户需求也可能存在差异，需要开展针对性的农技推广工作，以保证需求主体的需求得到满足。湖南和湖北的公益性农技服务的供给体系存在一定的差异，湖南以公益性推广体系为主，湖北以"以钱养事"推广体系为主，在不同的推广体系下，公益性农技服务供给组织职能既有相似性，也存在不同的工作重点。因此，需要根据区域农技推广体系的特点，制定针对性的公益性农技服务推广的重点，以此来满足不同区域样本农户的公益性农技服务需求。

（2）公益性农技服务结构调整原则

需求与供给相结合的原则。公益性农技服务供给必须以农户需求为依据，才能实现供给的有效性。需求与供给相结合原则主要体现在内容与主体的衔接：首先，需求内容重点与供给内容重点相一致。如果出现需求主体需要的并没有供给，或者公益性农技推广组织提供的服务并不是需求主体所需要的，需求与供给出现错位，将会影响农技服务的供给效率，也会影响农业需求主体的农业生产，进而会影响需求主体的农业收入，阻碍我国现代农业的发展。因此，需求重点和供给重点必须尽可能一致，实现供需对接。其次，需求主体与供给对象实现对接。新型农业经营主体不断发展，这些主体的发展对我国现代农业发展具有重要意义，也是未来农业生产发展对经营主体要求的体现。因此，在公益性农技服务供给过程中，要重视种植大户、家庭农场等新型农业经营主体的发展，实现需求主体和供给对象实现对接。

突出重点兼顾公平的原则。由于公益性农技服务的公益性属性，加上公益性农技服务需求主体广泛，使得公益性农技服务工作开展较为困难。公益性农技服务难以满足所有需求主体的需求，只能是尽可能地满足多数人的需求，以多数人的需求为导向，进行公益性农技服务的供给，这就要求公益性农技服务在供给过程中要能够抓住重点，满足需求主体的主要需求。

随着各项农业政策不断向新型农业经营主体倾斜，使得社会各项资源都在向新型农业经营主体汇聚，普通小农户的利益容易被忽视，但是在很长一段时间内，普通小农户依然存在，且在我国农业生产群体中占据重要的位置，在促进我国农业可持续发展中发挥重要的作用。虽然很难做到满足普通小农户的所有需求，但是对普通小农户重要的迫切的需求应该被重视，以此来协调好公益性农技服务在不同生产经营主体之间的供给关系。

坚持以政府为主导，其他主体积极参与的原则。公益性农技推广服务，因其无偿性，其供给责任主要由政府部门来承担。虽然政府部门在公益性农技推广服务中占据主导地位，但是我国农技服务需求主体规模较大，主体较为分散，公益性农技推广部门的人力、物力、财力也难以保障所有公益性农技服务需求主体都能获得相应的服务支持，也需要其他服务主体积极参与。此外，政府公益性农技服务组织的性质决定了对公益性农技服务的供给缺乏积极性，更不会积极主动了解需求主体的需求，进而影响公益性农技服务的效果。《中华人民共和国农业技术推广法》中明确了其他服务组织的性质，将科研单位、合作社、涉农企业以及农民技术人员等纳入我国农技推广体系中，并阐明这些组织也可以开展公益性农技服务，并且这些组织与公益性农技推广组织一起共同组成了我国农技推广体系。因此，在公益性农技服务供给主体的选择和引导方面，要坚持以政府为主导，其他主体积极参与的原则，发挥政府和市场的作用，保证公益性农技服务的供给，以此来促进公益性农技服务的发展。

农户需求表达与农技服务供需匹配度的提升是本文研究的最终目的，农业技术供需匹配度的科学合理测定能够更好、更准确地识别我国现阶段农村的农技服务供需匹配状况。而我国农村农技服务供需匹配度的识别主要有 3 个维度，在横向上主要包括农技服务的供给端和需求端两个维度，纵向上则包括不同区域农技服务组织系统的统一协调维度。因此，如何准确构建不同公益性农技服务的供给状况、农业新型主体与普通小农户的需求状况以及不同区域公益性农技服务的供需匹配状况的识别机制成为我国公益性农技服务供需匹配状况识别的关键。

（3）建立不同公益性农技服务为基础的需求信息识别机制，优化服务结构

公益性农技服务的供给主要指以政府农业技术推广体系为主导的非营利性组织承担供给责任，对农技服务需求主体提供农技服务。公益性农技服务的供给主体主要有政府农技推广部门、大中专院校、科研院所、私人公司、科技协会等其他农技推广体系主体。而公益性农技服务的主要供给形式有示范式、培训式和传输式农技推广 3 种，从农技推广的阶段来看，则可以划分为"研发—推广—应用" 3 个阶段。不同的农业技术服务供给主体在整个农技推广流程阶段发挥的作用和功能又存在很大的差异。因此，统一的"评价标准"并不适用于所有的供给主体的实际情况，如何针对不同的农技服务供给主体的供给效率分别进行科学合理的识别与评价也很重要。

从不同服务供给主体农技服务供给的重点来看，大中专院校和科研院所主要进行农业技术的研发和技术创新，其中也会附带一些技术推广的工作，政府农技推广部门、私人公司、科技协会等主体则主要进行农业技术的推广与应用。这些组织在农业技术推广体系中,各自具有其自身的优势和特点,在不同服务层次和服务渠道中发挥重要的作用。充分利用这些组织资源,遵循功能互补原则,使每一类供给主体拥有自己特定的服务市场。对不同的农机服务推广主体进行融合发展,不仅可以降低推广系统运行的成本和减少因为推广制度缺陷导致的交易成本,还可以整合各自的优势形成合力,发挥组织合作的力量,从而更好地提升农技推广工作的效率。但作为农业技术服务推广供给主体,其推广服务内容是否能满足农户的生产需求呢?是否适合被推广到具体的农业区域规划中?以上问题是开展农业技术服务工作必须考虑的问题,也是迫切需要解决的问题,并以此引导农业技术的技术研发导向(技术储备)转变为"市场需求"导向(技术应用)。

虽然不同服务供给主体提供的主要农业技术服务有较大差异,但其农业技术服务的供给目标都应该是市场需求导向型。联合不同公益性农技服务的供给主体,围绕农业技术的"研发—推广—应用—研发"形成一个有机的供给循环,构成按照市场(农民)的实际需求,以提高农业生产率、增加农产品收益为目的的农业技术服务体系。因此,依据这种循环的农业技术供给特征搭建农业技术服务的识别机制就很有必要。具体而言,其一,围绕不同的农业技术服务主体开展具有各自特征的农业技术服务供给评价与识别。以提升供需匹配度为主旨原则,按阶段、层次进行差异化的评价,能更准确合理地进行测度识别。例如针对农业科研院校开展"研发"为主的农业技术供给识别机制,围绕农业技术推广单位开展"推广"为主的农业技术供给识别机制等。其二,开展服务体系评价工作,重点对各个农业技术服务供给主体形成的农业技术服务体系进行整体评价,其评价的内容主要包括两个方面:一是是否满足农户需求、科技成果转化和创收能力;二是实现不同主体间农业技术的研发、推广与应用环节的对接,明确好不同主体的职责。

(4)建立不同经营主体公益性农技服务需求信息识别机制,优化服务结构

农业技术服务的最终目的是实现农业科技的生产力转化,解决农业生产中的问题,帮助农民实现增产增收的目标。围绕这一初始目标设立的"自上而下"的农技推广方式给我国传统农业的转型和生产力的提升带来了显著成效。但是联产承包责任制之后,农民生产有了自主权,除了气候地理等自然资源禀赋因素之外,市场需求和效益最大化决定了农民生产什么、不生产什么。生产内容和效用目标的多元化也决定了农民对农业技术需求的多样性和复杂性,增加了农技服务供给的难度。如果农技服务供给不以农户需求为基础,将难以提高农技服务供给的有效性,因此,需要确定农业技术服务供给以需求为导向,依据农户的需求重点来提供技术服务。此外,由于农民种粮目的不断分化,追求利润的规模化、集约化、现代化承包经营的新型农业经营主体与自给自足的普通小农户生产行为也产生较大差距，所以要针对不同的农业经营主体的差异化农技服务需求，提供适当的农业技术服务，以满足差异化的需求。

传统农技推广模式，多以行政命令推进的形式开展工作，容易忽视推广过程中的问题，例如在其推广过程中信息的传递与反馈机制是否健全，农户需求是否得到满足，以及在农技服务推广、农技服务采纳过程中存在的问题阻碍农技服务推广的效果，政府部门都无从得知，更不会采取措施解决问题，因此会导致农户难以解决自己所面临的农业生产问题。因此，农技推广的目标需要进行调整，技术推广的目的需要进行调整，从农户需求出发，鼓励农技推广相关人员积极收集农户需求信息，并整合农户需求信息，了解农户需求重点，真正形成"自下而上"的推广理念的工作方法。

不同规模生产农户的技术需求状况的评价与识别存在一定差异。新型农业经营主体往往具备的社会资本要比普通农户更多，对农业技术服务的依赖性更高，也即对农业技术服务的供给提出了更高要求。但相同的是农户技术需求的表达都是一个对阶段的行为表达过程，包含了"技术需求征询（需求表达）—技术支持—信息反馈"等多个环节的内容。因此，不同主体的农业技术服务需求的识别也应该是一个多阶段的行为考察。具体而言，在农户需求表达阶段，首先得具备农户技术需求得以"上传下达"的表达渠道，在此基础上构建信息管理机制，对农户的农业技术服务需求信息进行整合、筛选和反馈，并采用一定的信息处理方法对信息进行整理，整合有效信息，提供给农业技术服务的供给方。在技术的支持阶段主要是在对上一阶段技术表达后的技术供给（数量供给、质量供给）的匹配度进行识别与评价。在信息反馈阶段，则主要是对供给的技术服务的采纳效果进行合理评价。

（5）建立不同区域公益性农技服务的需求信息识别机制，优化服务结构

不同的省域间由于地理环境、自然资源禀赋、政策环境和区域功能规划的不同，使得其推行的农业技术服务的类型与功能领域也存在很大差异，相关的结论也可以从以上实证部分的相关研究结果中得以证实。那么在相同的国家大政策环境背景下，如何准确地识别和评估不同区域间的公益性农技服务的供需匹配状况呢？

首先，新型农业技术推广体系中的每一类子系统（不同省域甚至市县层级）都应该遵循一定的独立性原则，有其自己的目标和规划，有明确的责任划分，如果推广系统不能独立开展工作，可能会造成工作开展出现多头命令、职责不明确，从而影响推广的效率。每个省份要根据自身的情况，充分考虑农业发展的优劣势特征，部署科学合理的农业技术供给服务发展推广战略计划，并制定具体的实施和考核标准。其次，同时要考虑区域协同与整合原则。国家层面的农业技术推广战略部署也是国家发展的重要内容，省域农技推广的宏观大方向仍然要兼顾国家的宏观发展目标。同时，省域间也要形成一定的互促关系，强省带动弱省、弱省学习强省，以达到区域均衡发展的长远目标。

综上可知，省域间资源要素和发展经济基础的差异，使得彼此间的横向对比和考评存在不合理性。相同的技术类别，供给端在不同的省域农业技术推广体系中所处的位置和重要性各有不同，需求端在农户的需求程度上也存在显著差异。因此要构建和设计合理的"协同度＋差异化"的横纵向双轨评价制度，识别不同省域的农技服务的供需匹配状况。在协同度，即宏观大方向上，主要从资金、人员、制度和基础设施建设等方面评价一个区域农业技术服务子系统供需匹配度；在差异化上，即微观层次，给予区域农业技术服务子系统一定的可调整空间，在区域农技服务发展规划方案的基础上进行考核评分。最终根据两者的综合情况识别和评价不同区域公益性农技服务的供需匹配状况。

8.2.3　完善需求表达机制，提高公益性农技服务可得性的支持政策

需求表达如何影响作为公共物品的公益性农技服务的供需状况，现有学者对需求表达的要素进行了深入的探讨。公共物品的特性，首先，使得作为理性"经济人"的农民为追求自身利润最大化，容易引发表达不真实需求的偏好动机；其次，离农民最近的基层组织虽然具有地缘优势，但"交易费用"的存在使得他们缺乏动机收集农户需求信息；再次，受农村自治水平的影响，农户需求表达的渠道较为缺乏，农户需求表达不够充分；最后，将各个不同的需求偏好进行汇总存在困难。其主要原因是农村社区成员较为复杂，不同的个体具有其自身的特殊性，因此不同成员可能会呈现出不同的偏好选择，根据"阿罗不可能定理"，将各个不同的需求偏好进行汇总是不可能的事情（刘小锋、林坚，2007）。加之市场无法有效地收集公共服务信息，信息收集机制不健全，将会导致供需双方难以了解彼此，无法实现供需对接。因此实现供需对接，农户续期表达机制的建立十分有必要，将会为解决供需矛盾提供有效途径（刘书明，2016）。

构建农技服务供需匹配状况的识别机制是提高农技服务供需匹配度的基础和前提，也是供需匹配状况的有效手段。"自上而下"传统的农技推广服务形式，不仅容易忽视了农户在实际生产过程中的不同需求，也主要以政府绩效为导向，其推广效率不高。而随着现代农业的不断发展和各类新型农业经营主体的出现，农户对农技服务的需求逐渐呈现出多样化、专业化及集中化的特点。为此，适当地转变传统的农技推广思路，加强公益性农技服务需求主体的表达机制建设，从需求层面推动农技服务供需匹配度的提升。具体主要从加强农户公益性农技服务需求表达渠道建设、提高农户公益性农技服务需求地集中

程度、提高农户需求表达的有效性 3 个方面展开，保证农户需求能够有效的被供给主体所识别。

（1）加强农户需求表达渠道建设，提高渠道的畅通性

建立公益性农技服务民意需求调查制度，切实掌握农户对农技服务的真实需求，为建设农户需求表达渠道提供现实指导。首先，确保民意调查内容的准确性和实用性，无论是通过设计问卷结构式访谈还是利用调查提纲半结构式访谈，最关键的是要保证所要调查内容的实用性，能根据调查结果对现实农技服务供给提供指导。为此，在开展实际调查前可通过召开专家论证会，同时邀请一线农技推广人员、种植能手、普通农户等主体共同参与，从源头上保证民意调查的质量。其次，组织专业人士进行调查，避免因复杂的农户与农户、农户与政府人员之间的人际关系导致调查结果偏误。为此，相关农技推广部门可委托专业调查公司等第三方机构进行农技服务需求情况调查。当然，出于节约成本考虑，同时又要保证调查结果的客观性和真实性，可尝试镇与镇之间农技工作人员互换，调查其他负责区域情况。最后，加强公益性农技服务民意调查开展的常态化。实现规范化的重点在于制定一套从内容设计、调查实施、结果反馈的完整制度框架，使各主体行为有标准可依，提高民意调查执行效率。为实现常态化，各地区应依据地方农业种植结构、农业经营方式等特征，确定农技服务民意调查的周期和规模，并严格按照计划定期进行需求信息收集。同时，在特殊情况下为保证农业正常生产，可灵活采取临时性调查。总之，通过采取农技服务民意调查的方式，打通从相关政府部门到农技服务需求主体之间的单向渠道，为农技服务需求主体提供需求信息的表达渠道。

不断发展丰富农技服务需求主体的表达渠道和方式，全面了解不同规模种植农户的技术服务需求信息，把握需求重点。一方面，根据农户群体的不同，推出不同农技需求服务表达渠道。对于种植大户等新型农业经营主体而言，其学习接受能力较强，且农业生产在其家庭经济中居于重要地位，主动表达意愿较强，因此可利用微信群、公众号、农技 App 等现代信息技术，丰富农户技术服务需求表达渠道的同时，进一步提高需求信息表达的效率；对于普通农户而言，由于自身文化程度较低、农业生产的经营获利成分较小，其往往表现出较弱的表达意愿，为此，在播种、打药等种植管理中的关键环节，利用农技员驻点、下乡等方式，尽可能创造便利的条件。另一方面，考虑到现实生产过程中，农户与农资经销商联系较为密切，并且多数情况下，农资经销商为提高营业收益往往会提供农技服务，为此加大重视农资经销商的行业进入、技能培训等环节，将其纳入农技服务推广体系中，进而丰富了农技服务需求主体的表达渠道。

（2）提高需求表达的组织化程度，提高表达方式的有效性

首先，强化基层组织建设，发挥基层组织在公益性农技服务供给中的协调引导作用。乡镇一级农技政府部门，尤其是村民委员会，理应承担起为广大农民群众向相关政府部门表达农技服务需求的责任，反映农户的利益诉求。为什么现实情况中普遍反映出农户不信任村干部、抱怨其不作为，关键在于村干部与普通农户缺乏联系，未能设身处地地为农户办事、谋福利。为此，一方面，在其位、谋其事，各基层组织人员应加强与农民的联系，积极听取、收集农民在实际生产过程中对农业技术服务的需求情况，并以村、镇为单位向农技推广部门反映，积极寻求信息反馈，确保农户技术需求难题得到有效解决；另一方面，应认真发挥好协调引导的作用，虽仅仅是一个群众性自治组织，但却又不同于一般的民间组织，人民和时代所赋予的责任远远高于其内在的责任要求。因此，在履行好农民代表责任的同时，积极引导地区内农业经营主体开展组织创新，带动、发展形成能切实代表农民利益及有效反映农民农技服务需求的组织，从而形成涉及多层次、多主体共同参与的农技需求表达组织体系。

其次，鼓励农村经营主体开展组织创新，通过经营主体之间的协作，提高需求表达的组织化程度。相对而言，农户在整个农业产业链中属于较为弱势的群体，基数庞大却缺乏一个可以为农户"发声"的组织，使得多数农户难以享受到农业技术进步所带来的福利水平改善，在利益日益分化的背景下农民组织的发展显得更为重要。为此，地方政府应积极鼓励各农业经营主体开展组织创新，发展农民技术需求表达组织，成为可以代表广大农户表达农技服务需求的重要载体。第一，确定具体的组织形式，无论是以合作社，还是以农民协会的形式，符合地方农业发展特点，能代表农户在公众、政府部门面前展示出农技服务需求，形式始终是为功能服务的，紧紧抓住这一核心要点，无论何种形式，只要有效、可行就应鼓励及支持发展。第二，对于确定发展的各类农技服务需求表达组织，应在政策、财政、权力等方面给予支持。一方面，从法律层面上承认各农民组织的合法化是各组织顺利开展各项工作的前提，也是保障农民组织独立性和自主性的基础。另一方面，地方各级政府应给予一定的财政支持和政策优惠，减少因外界环境的约束而造成农民组织功能的缺失。第三，加强对农民组织的引导和管理，由政府部门牵头，组织各乡镇农民组织定期开展经验交流和典型案例学习，理论与实践相结合，提高各农民组织在地方农业发展中的影响力，能够顺利地表达出自己的利益诉求。总之，积极创新发展各类农民技术需求表达组织，以集体表达的形式反映大众的心声，使农民技术服务需求更易于得到反馈和实现。

（3）创新公益性农技服务组织体系，实现农户需求表达对象的多元化

现有公益性农技服务需求表达主体以公益性农技服务为主，选择向经营性农技服务主体表达需求的比例较小。我国公益性农技服务队伍虽然不断发展壮大，但是与广大的服务需求主体相比，其队伍还远远不足。因此，为更好地保障公益性农技服务需求主体的需求能在最大限度上得到满足，应该创新我国公益性农技服务体系，促使公益性农技服务需求主体在表达自己的需求时有更多的选择。

目前，供给主体上，基本呈现出一主多元的格局，即以政府主导的公益性农技服务组织为主体地位，其他多种经营性农技服务组织共同发展（陈锡文，2017）。但是经营性服务组织发展还比较有限，需要更多的支持和引导，以发挥经营性农技服务组织的作用。首先，坚持公益性农技推广组织的主导地位，发挥其引导职能。农业技术推广需要资金、技术和人员等方面的投入，很多经营性组织无法负担起这部分费用，因此，我国农业技术推广必须坚持公益性农技推广组织的主导地位，需要对国家农技推广部门的职能进行更加清晰的定位，而且要更进一步突出公益性的职能。公益性农技推广部门要积极引导经营性农技服务组织，让这些服务组织根据自己的条件承担其一些公益性职能，以使更多农户的需求得到满足。在组织架构方面要进一步对公益性农业技术推广组织进行优化和调整，发挥组织作用。针对推广部门的职能和任务适当增减机构数量，提高推广的效率，节约推广成本。基层农技推广机构的设置应在科学有序、力量集中原则的指导下，依据各区域特色开展技术推广机构的改革和调整。

其次，鼓励各类经营性主体发展，满足经营主体对公益性农技服务多元化的需求。在农业技术推广上，由于农技服务需求主体规模较大，以政府为主导提供的公益性农技服务将难以满足农户需求。在市场经济的大环境中，应该发挥市场作用，让市场对资源进行优化，因此需要对经营性农技推广组织进行扶持，以此来扩大农技服务供给的范围，提高农技服务的供给质量。各种经营性农技服务主体相对而言灵活性和针对性更强，通过鼓励各类经营性农业技术服务组织的发展，可以在一定程度上弥补公益性农技服务组织的不足，满足不同农业经营主体对农业技术的多元化需求。实际上，农业企业、农资销售企业、合作社、服务组织以及专业协会等服务组织在鲜活农产品、特色农产品方面的技术服务方面发挥着越来越重要的作用（陈锡文，2017）。虽然我国出现了一些非政府的农技服务推广组织，但这些组织的地域性和专业性较强，还未发挥重要的作用，需要政府部门进行引导和完善，促进这些非政府农技推广组织的发展，实现农技服务推广主体的多元化发展。大力培育新型农业经营主体和新型农技推广服务主体，壮大合作服务组织和服务型农业企业对促进各类经营性主体的发展有重要作用。因此，需要坚持以提高市场竞争力、提升农业技术成果转化率、增强农户技能及促进农业的现代化发展为目标，进一步完善各种激励政策，充分调动各类经营性农业技术推广主体参与公益性农技服务供给的积极性，从而推动推广体制的变革和发展。

最后，进一步加强建设农技推广综合服务体系，促进公益性和经营性服务组织融合发展。经营性农技服务组织虽有较强的灵活性，但是也有服务内容比较单一、组织机构建设不规范、服务能力和信息化水平较低等短板。而公益性农技推广组织虽然在服务能力和信息化方面有较大的优势，但是却缺乏灵活性和对市场的敏锐性。所以，我国农技服务推广工作主要依靠公益性农技服务组织或依靠经营性农技服务组织，都将举步维艰，难以有效解决我国广大农技服务需求主体多元化的需求，因此，需要公益性服务组织和经营性服务组织协同发展，共同助力我国农技推广体系建设。公益性服务组织与经营性服务组织的融合发展，不仅有利于增添推广队伍活力，也有利于发挥不同组织的优势，开展针对性的农技推广，提高推广效率。首先，要明确融合的目标。通过完善农业综合服务体系、提升服务能力等方式稳固以公益性服务组织的主体地位，以农业社会化服务作为补充和拓展，进而规范经营性服务组织的组织机构、提升其经营能力和服务水平以补足经营性服务组织的短板。其次，充分发挥各自的比较优势，积极探索出一条合适的协同发展的路径。通过结对、托管和购买等服务补齐各自的短板；利用手机、互联网等新媒体共同创建服务平台，提高服务效率和信息化水平。最后，加大政府支持、政策扶持。中央到地方的各级政府部门高度重视，协调好各个部门之间的资源配置；加大体系融合的资金投入，明确资金使用方向，提高资金的利用效率；加强管理，出台一套完整且方向明确、责权明晰、管理科学的管理机制，确保公益性农技推广组织和经营性农技推广组织之间协调发展。

8.2.4　加强保障体系建设，保障公益性农技服务作用发挥的支持政策

（1）多渠道筹措资金，加大资金投入保障

第一，增加财政投入，通过多渠道融资保障基层农技推广事业的顺利开展。公益性农技推广的顺利开展实施离不开财政资金的支持，投入保障对开展基层农技推广工作十分关键。因而政府部门需要增加财政投入，保障农业科技研发和推广经费足够充足。根据各地区实际发展情况，对落后偏远地区的公益性农技推广增加政策倾斜力度、财政支持力度，在全国范围内建设农技推广服务示范区，带动周边农技推广服务工作的顺利开展。对于农业技术供需匹配较高的地区，要保证资金投入的持续性；对于农业技术供需不匹配的地区，要加大资金的投入力度，使农技推广服务活动发挥出最大的效应。另外，鼓励多渠道开展农技推广技术创新和技术推广的融资，完善公益性农技推广基金投入制度，提高推广资金的使用效率，保障公益性农技推广事业有序开展。

第二，扩大补贴范围，激发公益性农技推广服务体系的活力。公益性农技服务活动，所带来的不仅仅是社会效益，同时兼有经济效益，在现阶段，要提

高农业技术的供需匹配度就需要扩大补贴范围，并明确补贴的对象和补贴标准，针对不同的对象开展针对性的有效补贴，以此来激励公益性农技服务推广工作人员的积极性，激励农技服务需求主体积极采纳农技服务，发挥农技服务的助推作用。具体来说可以采取相关激励措施，一是加强对农村地区的基础设施建设的资金补贴力度，重点对交通网络、农技服务信息网络平台进行建设投入，为公益性农技推广服务推广体系提供坚实基础条件。二是加强对技术服务需求主体的激励政策，对重要的农技服务推广项目进行适当补贴，鼓励需求主体积极采纳重点技术服务。三是提高基层农技员的薪酬福利待遇，鼓励农技员去高校进修学习，提高农技员的综合素质，调动基层工作人员的积极性。基层公益性农技推广服务机构必须要明确自己的主体职责，用于承担自己的责任，积极主动提供农民所需要的技术和服务，这个过程，需要各方的努力，才可以保证农业技术推广工作可以有效推进。

（2）全方位开展监督工作，加强监督机制保障

公益性农技服务在助推农业的转型升级跨越中扮演着至关重要的角色，同时公益性农技服务在厚植农业发展向好的基本面，突破传统技术均衡下的生产力也需要引起足够的重视。然而，这一作用的发挥需要良好的制度运行空间来保障，诚然，监督机制对于矫正路径扭曲、匡正公益性农技服务供给的运行路径作用鲜明，因此，监督机制保障建设必须摆在突出位置。为此要重点关注以下 3 个方面：

第一，强化常态化监督机制建设。使常态化的监督成为自然，便是实现公益性农技服务下沉的基本条件，同时常态化的监督机制建设也是规范公益性农技服务的强力抓手，形成常抓不懈的规定动作记忆对于时时匡正公益性农技服务供给的运行意义深远。

第二，重视"非常态化"监督，不定期监督机制不仅可以起到监督作用，还可以起到非常好的震慑作用，同时这种机制的培育也可以补齐一些平时难以引起重视的结构问题。非常态化监督不仅可以作为常态化监督的一种有效补充，同时在特殊问题的发现与处理中也很好地发挥着自身的优势。两种监督的有机盘活，也使得监督成为了一种有效激励，促进着公益性农技服务供给的自动良性运行。

第三，加强社会监督建设，开设举报热线电话、开启举报信箱、开辟监督情况通报专栏、开通双微平台，就公益性农技服务监督相关的法律法规进行进基层及进社区宣讲、双微平台推送发布、广播播报等，同时也积极鼓励社会群众参与监督，发挥社会公众的参与积极性，为公平、公正开展公益性农技服务工作贡献自己的一份力量。群众的积极参与可以形成对公益性农技服务供给的"倒逼"机制，迫使公益性农技服务供给提质增效，加速公益性农技服务供给的螺旋式改进，在这种两头承压的条件下，监督制度的激励效能得到充分释放。

（3）改革体制机制，强化管理体制保障

一是要加强公益性农技服务的计划性。公益性农技服务下沉应有计划性、针对性，在下沉前期就应该经过充分的农户需求收集，农技服务下沉进度表的编写，配套计划的编制等基本流程。正所谓提纲才可以挈领，纲举才可以目张，只有在计划的指导下才能有序完成各项工作。

二是要加强公益性农技服务的组织整合。不仅仅是通过流程再造优化公益性农技服务的下沉模式，同时要积极探索消融公益性农技服务下沉中的多头管理，力量分散的方法。组织关系和组织系统的再造，重塑着公益性农技服务供给的模式，同时也可以使得这种创新的价值形成外溢，更好地服务农民生产生活。

三是要优化控制方式，在注重后期反馈控制的同时，更加关注前期控制和全过程控制，让信息流的大闭环中形成小型局部闭环，实现全过程的控制和微调。前馈控制形成的实验性闭环对于损失的最小化有着极大的贡献作用，稳扎稳打更加切合农民的生计脆弱性特征，同时也有利于提高需求主体对公益性农技服务的公信力。链式闭环与各种小型闭环的嵌套，可以减少联动效应，同样有着很好规避风险的作用。

四是完善公益性农技服务下沉中的绩效考核办法，重视激励机制的有效性，依据公益性农技服务下沉阶段及时调整绩效考核办法，充分发挥激励的正、负向效用。此外，绩效考核中也要区分规定动作和自选动作的标准。

五是加强公益性农技服务组织的领导。领导要起到很好的带头作用，转变只重视表面的工作作风，真正做到从实际出发，形成生动活泼的互动局面，从而也在一定程度上为公益性农技服务创造更好的条件。

（4）落实完善各项法律法规，加强制度保障

第一，完善法律法规，明确政府在基层公益性农技服务中的职责，保证政府职能的发挥。我国基层农技推广部门不仅兼具农技推广服务的职能，还兼具行政执法的职能，那么在公益性农技服务工作中，政府是否能够处理好两种职能之间的关系，直接关乎公益性农技服务推广的效果，因此，为保证政府职能的发挥，保证公益性农技服务落到实处，需要法律法规对政府等相关主体职能及权责进行界定。由于政府在公益性农技推广工作中发挥引导作用，负责对公益性农技服务推广项目的把关工作，因此，在公益性农技服务推广项目的实施中，政府有对项目审批和执行的权利，如果在缺少监督的情况下，政府部门可能会出现腐败的现象，并不能公平公正地开展相关工作，因此需要完善各项监督工作，保证重要推广项目的公平、公开。因此，为了保证公益性农技推广工作的顺利开展，保证农技推广组织的权益的发挥，激发我国农业发展的活力，必须完善与农技推广相关的法律法规，让利益相关主体有法可依，在法律法规的引导下，积极开展农业技术创新活动和农业技术服务采纳活动。

第二，加强政策支持力度，提高基层公益性农技服务水平。通过已有的实践经验可知，农技推广活动能够把农业科技、政府、市场与农民联系起来，把科学技术转化为现实生产力，对技术推广和农业发展具有重要的影响作用。在农技推广体系中，在农业发展中公益性农技服务发挥着重要的作用，系统承担了国家和地方多种农作物的试验、示范以及推广项目，其作物主要包括小麦、水稻、大豆等，直接关乎我国粮食安全。因而需要通过政策法规规范推广战略和推广重点，保证我国重点生产领域的农业技术服务供给充足。指导公益性农技推广服务工作的开展，运用各种政策手段来调控和支持公益性农技服务工作的开展，是政府调控行为的重要方面，也是保证农业生产顺利进行的必然要求。各地方政府应该在国家宏观规划指导下，结合本地区的特点，制定符合自己地区的政策法规，支持本地基层公益性农技服务工作。

第三，建立法律引导机制，营造良好的农户需求表达的制度环境。农户作为农技推广的重点对象，是农业技术的使用主体，他们的需求是推广主体开展农技推广工作的重点方向。公益性农技推广工作对农民增收、农村经济发展具有举足轻重的作用，其主要是通过发挥农技服务的作用来助推农业生产力的提升。因此，国家必须建立相应的政策法律引导农户进行需求表达，尊重农民参与权，让农户明白进行需求表达也是自己的权利，相关的部门组织必须进行有效的反馈，从而提高农业技术的供需匹配度，提高农技推广效率。这也需要基层农技部门的配合，在组织农户日常培训的同时，加强对农户的法制教育，不仅要使专业大户等新型经营主体学法、懂法、用法，学会利用法律法规来寻求自身发展，此外，普通农户也不能落下，也必须在法律法规的约束中寻求自身的发展。在法律框架下，为农户在农技部门、农业组织、涉农企业高校之间进行技术需求表达创造条件，让农户能够有渠道表达自己的技术需求。

参 考 文 献

毕颖华, 2016. 收入差异视角下农户公共产品需求分析 [J]. 西北农林科技大学学报: 社会科学版, 16 (2): 74 - 78.

卜伟伟, 2010. 农民公共物品需求表达机制研究 [D]. 济南: 山东大学.

曹勇, 漆珺, 胡恒星, 等, 2017. 浅谈宜丰县公益性农技推广体系和经营性服务体系融合发展 [J]. 基层农技推广 (7): 4 - 5.

陈强强, 王文略, 王生林, 2015. 农技成果转化主体多元化与农户技术响应研究——以甘肃省为例 [J]. 科技管理研究 (8): 90 - 95.

陈涛, 2008. 农业技术 "需求—供给" 矛盾的实证研究 [J]. 经济研究导刊 (4): 41 - 42.

陈文娟, 2011. 论我国农村公共物品供给主体的改革和完善 [J]. 中国证券期货 (4): 106 - 106.

陈锡文, 2017. 尽快完善 "一主多元" 农技体系 [N]. 人民日报, 01 - 18 (20).

陈莹, 2012. 农村公共产品需求表达机制研究 [D]. 长春: 东北师范大学.

邓念国, 翁胜杨, 2012. "理性无知" 抑或 "路径闭锁": 农民公共服务需求表达欠缺原因及其对策 [J]. 理论与改革 (5): 74 - 77.

丁楠, 周明海, 2010. 科技非政府组织参与农业科技服务问题研究 [J]. 中国科技论坛 (5): 133 - 138, 144.

董杰, 张社梅, 王亚萍, 2017. 基层农技推广机构与农民合作社技术供需比对——以四川省为例 [J]. 科技管理研究 (3): 51 - 55.

冯林芳, 高君, 2015. 基于农民需求的农业科技服务供给研究——以余姚市为例 [J]. 江苏农业科学, 43 (7): 451 - 454.

冯小, 2017. 公益悬浮与商业下沉: 基层农技服务供给结构的变迁 [J]. 西北农林科技大学学报: 社会科学版 (3): 51 - 58.

谷小勇, 张巍巍, 2016. 国家农技推广零行为供给现象透视 [J]. 南通大学学报: 社会科学版 (5): 117 - 122.

官永彬, 2008. 农村公共物品需求表达机制设计分析 [J]. 重庆师范大学学报: 哲学社会科学版 (1): 95 - 100.

郭昭君, 2013. 城市低收入群体公共服务需求表达机制研究 [D]. 武汉: 华中师范大学.

郝艳伟, 2010. 基础教育需求表达机制研究——以上海市基础教育为例 [D]. 上海: 华东师范大学.

何可, 张俊飚, 丰军辉, 2014. 自我雇佣型农村妇女的农业技术需求意愿及其影响因素分析——以农业废弃物基质产业技术为例 [J]. 中国农村观察 (4): 84 - 94.

何秀荣, 2009. 公司农场: 中国农业微观组织的未来选择? [J]. 中国农村经济 (11): 4 - 16.

胡家, 尚明瑞, 陈思明, 2016. 西北民族地区农民公共服务需求表达机制研究 [J]. 宁夏社会科学 (2): 129 - 132.

胡瑞法, 李立秋, 张真和, 等, 2006. 农户需求型技术推广机制示范研究 [J]. 农业经济问题 (11): 50 - 56.

胡瑞法, 黄季焜, 李立秋, 2004. 中国农技推广体系现状堪忧——来自 7 省 28 县的典型调查 [J]. 中国农技推广 (3): 6 - 8.

胡守勇, 2014. 农村公共文化产品和服务供给研究综述 [J]. 河南大学学报: 社会科学版 (2): 74 - 81, 95.

扈映, 黄祖辉, 2006. 动态化公共物品供求视角下的农技推广服务 [J]. 科学学研究, 24 (6): 867 - 871.

黄冠豪, 2017. 基于退出-呼吁机制的居民公共品需求表达状况实证分析 [J]. 现代财经 (天津财经大学学报) (6): 54 - 64.

黄洪, 2010. 我国农村地区公共品的需求表达机制研究 [D]. 成都: 西南财经大学.

黄季焜, 胡瑞法, 孙振玉, 2000. 让科学技术进入农村的千家万户——建立新的农业技术推广创新体系 [J]. 农业经济问题, 21 (4): 17 - 25.

黄玉银, 王凯, 2015. 公益性农业科技服务体系的绩效、问题及优化路径——基于江苏三个水稻示范县的调查分析 [J]. 江海学刊 (3): 92 - 98.

纪月清, 钟甫宁, 2011. 农业经营户农机持有决策研究 [J]. 农业技术经济 (5): 20 - 24.

简小鹰, 2006. 农业技术推广体系以市场为导向的运行框架 [J]. 科学管理研究, 24 (3): 79 - 82.

姜利军, 胡敏华, 1997. 论建立和完善农业社会化服务体系 [J]. 中国农村经济 (9): 61 - 65.

姜长云, 2003. 农业和农村结构调整的难点分析 [J]. 宏观经济管理 (6): 33 - 37.

焦源, 赵玉姝, 高强, 2014. 需求导向型农技推广机制研究文献综述 [J]. 中国海洋大学学报: 社会科学版 (1): 62 - 66.

焦源, 赵玉姝, 高强, 等, 2015. 农户分化状态下农民技术获取路径研究 [J]. 科技管理研究 (4): 97 - 101.

孔祥智, 楼栋, 2012. 农业技术推广的国际比较、时态举证与中国对策 [J]. 改革 (1): 12 - 23.

李春林, 2007. 新农村建设中公共物品需求表达机制分析 [J]. 商业研究 (7): 129 - 131.

李进, 2011. 农村公共品供需矛盾与解决机制研究 [D]. 成都: 西南财经大学.

李俏, 李久维, 2015. 农村意见领袖参与农技推广机制创新研究 [J]. 中国科技论坛 (6): 148 - 153.

李容容, 罗小锋, 熊红利, 等, 2017. 供需失衡下农户技术需求表达研究 [J]. 西北农林科技大学学报: 社会科学版 (2): 134 - 141.

李容容，罗小锋，薛龙飞，2015. 种植大户对农业社会化服务组织的选择：营利性组织还是非营利性组织？[J]. 中国农村观察 (5)：73 - 84.

李莎莎，2015. 基于农户需求导向的测土配方施肥技术推广服务机制研究 [D]. 北京：中国农业大学.

李艳华，骆江玲，奉公，2009. 发达和欠发达地区农户农业和技术需求比较分析——以山东寿光和河北蔚县两村为例 [J]. 中国科技论坛 (8)：120 - 125.

李义波，2004. 农村居民公共产品需求偏好状况研究——对湖北省荆州市 J 镇的调查 [J]. 南京农业大学学报：会科学版 (4)：24 - 27，38.

梁金辉，傅雪林，王实，2016. 满意度和需求度二维耦合视角下的首都公共体育服务评价 [J]. 首都体育学院学报 (6)：496 - 502.

刘成玉，马爽，2012. "空心化"、老龄化背景下我国农村公共产品供给模式改革与创新探讨 [J]. 农村经济 (4)：8 - 11.

刘红云，骆方，张玉，等，2013. 因变量为等级变量的中介效应分析 [J]. 心理学报 (45)：1431 - 1442.

刘宏凯，郑克岭，史洪飞，2010. 城乡公共物品供给失衡下的城乡差距探析 [J]. 大庆社会科学 (5)：124 - 127.

刘若实，2014. 农村公共文化服务需求表达机制问题研究——以阜阳市 N 镇为例 [J]. 湖北师范学院学报：学社会科学版 (3)：95 - 98.

刘书明，2016. 多元合作公共服务供给理论与民族地区农民需求表达机制——基于甘肃省临夏回族自治州的实证研究 [J]. 财政研究 (9)：93 - 105.

刘卫，谭宁，2008. 论我国农村公共产品需求表达机制的构建——公共管理视角下的分析 [J]. 农业经济 (5)：15 - 16.

刘义强，2006. 建构农民需求导向的公共产品供给制度——基于一项全国农村公共产品需求问卷调查的分析 [J]. 华中师范大学学报：人文社会科学版 (2)：15 - 23.

刘银国，2008. 农村公共产品供给矛盾与需求表达机制重构 [J]. 安庆师范学院学报：社会科学版，27 (10)：15 - 18.

鲁可荣，郭海霞，2013. 农户视角下的农业社会化服务需求意向及实际满足度比较 [J]. 浙江农业学报，25 (4)：890 - 896.

罗芳，王庆，张扬，等，2014. 农村公共物品供给中需求表达的理论回顾与述评 [J]. 浙江农业学报，26 (3)：837 - 844.

牟爱州，2016. 小麦种植大户农业新技术需求意愿影响因素分析——基于河南省 790 户小麦种植大户的调查数据 [J]. 南方农业学报 (4)：684 - 690.

钱永忠，2001. 农技推广体系建设与推广资源合理配置分析 [J]. 农业科技管理 (1)：29 - 32.

任和，2016. 中国农村公共文化服务供给：以送电影下乡为例 [J]. 中国农村观察 (3)：64 - 70，96.

任勤，2007. 完善和创新农村公共产品的需求表达机制与决策机制 [J]. 福建论坛：人文社会科学版（9）：29-32.

商丽，2012. 农村社区公共服务需求表达机制研究［D］. 济南：山东财经大学.

邵喜武，徐世艳，郭庆海，2013. 政府农技推广机构推广问题研究——以吉林省为例［J］.
社会科学战线（4）：69-74.

石绍宾，2009. 农民专业合作社与农业科技服务提供——基于公共经济学视角的分析［J］.
经济体制改革（3）：94-98.

石揆，2009. 论我国农村公共物品需求表达机制及其完善［J］. 内蒙古农业大学学报：社
会科学版，11（6）：53-55.

宋金田，祁春节，2013. 农户农业技术需求影响因素分析——基于契约视角［J］. 中国农村
观察（6）：52-59，94.

宋琴，2014. 农民公共服务需求表达机制的问题研究［D］. 湘潭：湘潭大学.

孙浩，朱宜放，2012. 公共文化服务供给中的农民需求表达研究［J］. 湖北工业大学学报，
27（6）：9-12.

孙新华，2017. 规模经营背景下基层农技服务"垒大户"现象分析［J］. 西北农林科技大学
学报：社会科学版（2）：80-86.

谈智武，曹庆荣，王冬冬，等，2011. 农村体育公共产品需求表达机制研究［J］. 西安体育
学院学报（2）：151-155.

田云，张俊飚，何可，等，2015. 农业低碳生产行为及其影响因素分析——以化肥施用和农
药使用为例［J］. 中国农村观察（4）：61-70.

涂圣伟，2010. 农民主动接触、需求偏好表达与农村公共物品供给效率改进［J］. 农业技术
经济（3）：32-41.

万红斌，2016. 农民利益表达研究综述［J］. 当代经济（21）：114-115.

汪发元，刘在洲，2015. 新型农业经营主体背景下基层多元化农技推广体系构建［J］. 农村
经济（9）：85-90.

汪志芳，2006. 农村公共产品需求表达机制研究［D］. 武汉：华中科技大学.

王崇桃，李少昆，韩伯棠，2005. 关于农民对农业技术服务需求的调查与分析［J］. 农业技
术经济（4）：55-59.

王春娟，2012. 农民公共产品需求表达机制的建构——基于公共选择的视角［J］. 农村经济
（9）：22-25.

王琳瑛，左停，旷宗仁，等，2016. 新常态下农业技术推广体系悬浮与多轨发展研究［J］.
科技进步与对策（9）：47-52.

王蔚，彭庆军，2011. 论农村公共服务需求表达机制的构建［J］. 湖南社会科学（5）：
98-100.

徐世艳，李仕宝，2009. 现阶段我国农民的农业技术需求影响因素分析［J］. 农业技术经济
（4）：42-47.

杨璐，何光喜，赵延东，2014. 我国农技推广人员的高职业忠诚度及其原因分析［J］. 中国
科技论坛（12）：125-130.

姚文，2016. 家庭资源禀赋、创业能力与环境友好型技术采用意愿——基于家庭农场视角 [J]. 经济经纬 (1)：36-41.

苑鹏，刘玉萍，宫哲元，2008. 龙头企业在农业科技创新中的作用及发挥政府的引导功能研究 [J]. 农村经济 (1)：3-7.

岳公正，2007. 社会保障政策效应、需求表达与公共选择 [J]. 山西大学学报：哲学社会科学版 (7)：15-18.

张乐宁，1986. 社会学概论 [M]. 北京：中央广播电视大学出版社.

张社梅，董杰，孙战利，2016. 农业科技机构与合作社技术对接的程度分析——基于四川的调查 [J]. 农业技术经济 (11)：106-114.

张永升，杨建肖，陶佩君，2011. 农户对农业科技服务的需求意愿与供给评价实证研究 [J]. 河北农业大学学报：农林教育版，13 (2)：133-137.

张宇，2011. 公共政策活动中非营利组织民意表达功能探析 [J]. 贵州社会科学 (1)：48-52.

张运胜，2015. 论农技推广人员职业激情培养 [J]. 吉首大学学报：社会科学版 (S2)：55-57.

赵宇，2009. 农村公共品需求表达与供给决策问题分析——理论考察和山东调研 [J]. 财政研究 (7)：38-42.

赵玉姝，焦源，高强，2015. 不同农业经营主体农业技术供需契合度研究 [J]. 科技管理研究 (13)：102-107.

赵玉姝，焦源，高强，2015. 基于契合度模型的异质类农户技术供需研究 [J]. 华东经济管理 (6)：89-94.

赵元吉，2015. 国家治理体系框架下中国公共体育服务制度建设的困境与突破 [J]. 成都体育学院学报 (6)：49-54.

郑明高，芦千文，2011. 公益性农技推广体系的发展路径选择 [J]. 科学管理研究 (5)：54-56.

周波，2009. 浅析政府农业科技推广职能的缺失 [J]. 福建论坛：人文社会科学版 (8)：28-31.

周曙东，吴沛良，赵西华，等，2003. 市场经济条件下多元化农技推广体系建设 [J]. 中国农村经济 (4)：57-62.

Andrew F Hayes, 2009. Beyond Baron and Kenny: Statistical Mediation Analysis in the New Millennium [J]. Communication Monographs, 76 (4)：408-420.

Bandura A, 1986. Social Foundations of Thought and Action: A Social Cognitive Theory [J]. Prentice Hall, Englewood Cliffs, NJ, 12 (1)：169-171.

Baron R M, Kenny D A, 1986. The moderator-mediator variable distinction in social psychological research: Conceptual, strategic, and statistical considerations [J]. Journal of Personality and Social Psychology, 51：1173-1182.

Brown S A, Venkatesh V, 2005. Model of Adoption of Technology in the Household: A

Baseline Model Test and Extension Incorporating Household Life Cycle [J]. MIS Quarterly, 29 (4): 399 - 426.

Cimperman M, Makovec B M, Trkman P, 2016. Analyzing older users' home telehealth services acceptance behavior-applying an Extended UTAUT model [J]. International Journal of Medical Informatics, 90: 22 - 31.

Dodds W B, Monroe K B, Grewal D, 1991. Effects of Price, Brand and Store Information on Buyers [J]. Journal of Marketing Research, 28 (3): 307 - 319.

Garforth C, 2001. The history, development and future of agricultural extension, in Improving agricultural extension [M]. Rome, FAO, 1 - 12.

Hayes A F, 2009. Beyond Baron and Kenny: Statistical mediation analysis in the new millennium [J]. Communication Monographs (76): 408 - 4200.

Heijden H V D, 2004. User Acceptance of Hedonic Information Systems [J]. Mis Quarterly, 28 (4): 695 - 704.

IFPRI, 2007. How to Make Agriculture Extension Demand Driven? [R]. Washington DC.

Kidd A D, Lamers J P A, Ficarelli P P, et al. , 2000. Privatising agricultural extension: caveat emptor [J]. Journal of Rural Studies, 16 (1): 95 - 102.

Kim S S, Malhotra N K, Narasimhan S, 2005. Two Competing Perspectives on Automatic Use: A Theoretical and Empirical Comparison [J]. Information Systems Research, 16 (4): 418 - 432.

Kim S S, Malhotra N K, 2005. A Longitudinal Model of Continued IS Use: An Integrative View of Four Mechanisms Underlying Post-Adoption Phenomena [J]. Management Science, 51 (5): 741 - 755.

Limayem M, Hirt S G, Cheung C M K, 2007. How Habit Limits the Predictive Power of Intentions: The Case of IS Continuance [J]. MIS Quarterly, 31 (4): 705 - 737.

Malvicini P G, et al. , 1996. Decentralization of Agricultural Extension in the Philippines: Forming Community-Based Partnerships Ithaca [D]. Ithaca, NY : Cornell University Press.

Morosan C, Defranco A, 2016. It's about time: revisiting UTAUT2 to examine consumers' intentions to use NFC mobile payments in hotels [J]. International Journal of Hospitality Management, 53: 17 - 29.

Nagel U J, 1997. Alternative Approaches to Organizing Extension In Improving Agricultural Extension: A Reference Manual [J]. Rome: Food and Agricultural Organization of the United Nations.

Oechslein O, Fleischmann M, Hess T, 2014. An Application of UTAUT2 on Social Recommender Systems: Incorporating Social Information for Performance Expectancy [C]. Hawaii International Conference on System Sciences. IEEE: 3297 - 3306.

Raman A, Don Y, 2013. Preservice Teachers' Acceptance of Learning Management Software: An Application of the UTAUT2 Model [J]. International Education Studies, 6 (7): 157 – 164.

Raman A, Don Y, 2013. Preservice Teachers' Acceptance of Learning Management Software: An Application of the UTAUT2 Model [J]. International Education Studies, 6 (7).

Rogers E, 1995. Diffusion of Innovations [M]. New York : Free Press.

Roling N, 1988. Extension science. Information systems in agricultural development [M]. Cambridge University Press: 371 – 372.

Roseboom J, Ekanayake I, John-Abraham I, et al. , 2006. Institutional Reform of Agricultural Re-search and Extension in Latin America and Caribbean [M]. Washington DC: World Bank: 1 – 4.

Slade E L, Williams M, Dwivedi Y, 2013. Extending UTAUT2 to explore consumer adoption of mobile payments [C]. UK Academy for Information Systems.

Smith L D, Ifad R E, 1997. Decentralization and rural development: the role of the public and private sectors in the provision of agricultural support services [C]. Rome: World Bank: 16 – 18.

Sproule-Jones M, Hart K D, 1973. A Public-Choice Model of Political Participation [J]. Canadian Journal of Political Science, 6 (2): 175 – 194.

Thomas J C, Melkers J, 1999. Explaining Citizen-Initiated Contacts with Municipal Bureaucrats [J]. Urban Affairs Review, 34 (5): 667 – 690.

Thompson R L, Higgins C A, Howell J M, 1991. Personal Computing: Toward a Conceptual Model of Utilization [J]. Mis Quarterly, 15 (1): 125 – 143.

Thong J Y L, Hong S J, Tam K Y, 2006. The effects of post-adoption beliefs on the expectation-confirmation model for information technology continuance [J]. Academic Press, Inc. , 64 (9): 799 – 810.

Tofighi D, MacKinnon D P, 2011. RMediation: An R package for mediation analysis confidence intervals [J]. Behavior Research Methods, 43: 692 – 700.

Vallerand R J, 1997. Toward A Hierarchical Model of Intrinsic and Extrinsic Motivation [J]. Advances in Experimental Social Psychology, 29 (8): 271 – 360.

Venkatesh V, Morris M, Davis G B, 2003. User acceptance of information technology toward a unifiedview [J]. MIS Quarterly, 27 (3) : 425 – 478.

Venkatesh V, Thong J Y L, Xu X, 2012. Consumer Acceptance and Use of Information Technology: Extending the Unified Theory of Acceptance and Use of Technology [J]. Social Science Electronic Publishing, 36 (1): 157 – 178.

William M, 1996. Agricultural extension in transition worldwide: structural financial and managerial strategies for improving agricultural extension [J]. Public administration and development (11): 16 – 18.

World Bank, 2004. Demand-Driven Approaches to Agriculture Extension [R]. Washington

DC: The World Bank.

World Bank, 1983. Paraprofessionals in Rural Development-Issues in field-level Stalling for Agricultural Projects [R]. Washington DC: The World Bank.

Yuan Y, MacKinnon D P, 2009. Bayesian mediation analysis [J]. Psychological Methods, 14: 301 - 322.

Zeithaml V A, 1988. Consumer Perceptions of Price Quality and Value: A Means-End Model and Synthesis of Evidence [J]. Journal of Marketing, 52 (3): 2 - 22.

Zhao X, Lynch Jr, J G, et al. , 2010. Reconsidering Baron and Kenny: Myths and truths about mediation analysis [J]. Journal of Consumer Research (37): 197 - 206.

图书在版编目（CIP）数据

基于农户需求表达视角的公益性农技服务支持政策研究／李容容著. —北京：中国农业出版社，2022.1
ISBN 978-7-109-29160-7

Ⅰ.①基… Ⅱ.①李… Ⅲ.①农业科技推广—研究—中国 Ⅳ.①S3-33

中国版本图书馆 CIP 数据核字（2022）第 031283 号

中国农业出版社出版
地址：北京市朝阳区麦子店街 18 号楼
邮编：100125
责任编辑：贾 彬 文字编辑：刘金华
版式设计：杨 婧 责任校对：吴丽婷
印刷：北京印刷一厂
版次：2022 年 1 月第 1 版
印次：2022 年 1 月北京第 1 次印刷
发行：新华书店北京发行所
开本：700mm×1000mm 1/16
印张：9.25
字数：220 千字
定价：38.00 元